Allitera Verlag

W0197983

Monika Scheddin

Erfolgsstrategie Networking

Business-Kontakte knüpfen und pflegen,
ein eigenes Netzwerk aufbauen

Mit aktualisiertem Adressteil

6., vollständig überarbeitete und aktualisierte Auflage

Allitera Verlag

Mein erstes Buch widme ich meinen Eltern Edeltraut und Horst Scheddin.
Was sie mir vermittelt haben, ist nicht zuletzt beim Netzwerken
unglaublich hilfreich:
Rücksicht,
Freundlichkeit und
teilen können.

Vielen Dank. Ihr seid die Besten!

Danke an Monica Fauss und Sophie Zippert für die großartige Mitarbeit
an dieser sechsten Auflage. Was für ein klasse Team!

Weitere Informationen über den Verlag und sein Programm unter:
www.allitera.de

6. vollständig überarbeitete und aktualisierte Auflage
Oktober 2013
Allitera Verlag
Ein Verlag der Buch&media GmbH, München
© 2013 Buch&media GmbH, München
Umschlaggestaltung: Marie-Theres Reisser, Reisserdesign, München
Printed in Europe · ISBN 978-3-86906-576-2

Inhalt

Vorwort

Die besten Erfolgsstrategien sind Jahrtausende alt und werden auch noch in ferner Zeit Bedeutung haben. Es ist daher denkbar leicht, die Entwicklung des Networkings zu prognostizieren: Es bleibt eine Zukunftsstrategie und gewinnt durch die Turbulenz unserer Zeit enorm an Bedeutung.

Die Zahl der Gestaltungsoptionen und somit der Chancen wächst rasant. Auch vermeintliche Bedrohungen entpuppen sich als Chancen, wenn wir früh genug handeln. Gleichzeitig machen Entwicklungen wie Informatisierung, Beschleunigung, Fragmentierung und Flexibilisierung das persönliche Umfeld immer komplexer, sodass viele Menschen Sehnsucht nach Einfachheit, Transparenz, Stabilität und Überblick haben. Jemanden zu kennen, den man fragen kann, sich bei Problemen an jemanden wenden zu können, der sich auskennt, wird immer wichtiger. Um wie viel leichter lässt sich ein Problem doch lösen, wenn man direkt oder indirekt den richtigen Experten hat.

Wir westlichen Menschen müssen das systemische und dynamische Denken erst noch lernen. Aufgrund unseres überwiegend linearen Denkens ist nur wenigen bewusst, dass die meisten beruflich und gesellschaftlich aktiven Menschen über nur vier oder fünf Stufen direkten Zugang zu den Berühmten und Mächtigen dieser Welt haben. Wenn Sie es mit Konzentration und Energie darauf anlegen, können Sie selbst bei der Bundeskanzlerin einen Termin bekommen – wenn Sie ein guter Networker sind.

Doch Networking nach Monika Scheddin ist weitaus mehr als nur das anrüchig anmutende Ausspielen von Vitamin B. Auch nach Jahrtausenden von Wirtschaftsgeschichte, nach Jahrzehnten von Erfolgsplanung und auch nach Jahren der Netzwerkwirtschaft gilt es, das immense Potenzial des Beziehungsmanagements erst noch zu entdecken. Wir alle sind Lebensunternehmer. Ob wir es wahrhaben wollen oder nicht, die von vielen beschworene »Absicherung« war schon immer und ist in Zukunft noch viel mehr eine naive Illusion.

Allmählich erkennt man, wie wertvoll ein gut gemanagtes persönliches Netzwerk ist. Daher sind auch die Zeiten vorbei, als man Unternehmen nur nach ihrer bilanzierten Materie und Menschen nur nach ihrer Arbeitskraft bewertete. Das Netzwerk ist der Wert. Das Netzwerk ist Ihre einzige »Absicherung«.

Die Entwicklung des Computings gibt uns eine eindrucksvolle Analogie. Erst als man die Rechner miteinander verband, erst als man Netzwerke schuf und sie zu managen lernte, entfalteten sich das Potenzial und die ungeheure Dynamik, die wir heute erleben. Der einzelne Computer ist geradezu armselig im Vergleich zum Netzwerk, dessen Element er ist. »... und zusammen sind wir das Internet«, hieß es in der Werbung einer Softwareschmiede. Das Internet ist nicht Ihr Computer, nicht Ihr Browser, nicht Ihre liebsten Websites. Nein, das Internet ist nur der Kanal zwischen Ihnen und Ihrem Netzwerk aus Freunden, Partnern und Kollegen. Wir alle sind ein Internet.

Bob Metcalfe, der Erfinder des Ethernets, berechnete den Wert eines Netzwerks in seinem »Metcalfe'schen Gesetz«. Es besagt, dass sich der Wert eines Netzwerks proportional zur Anzahl der Personen entwickelt, die es benutzen. Verdoppelt sich die Anzahl der Personen, verdoppelt sich der Wert für jeden Teilnehmer, vervierfacht sich folglich der Wert des Netzwerks. Mit den in Monika Scheddins Buch beschriebenen Strategien können Sie nicht nur den Umfang, sondern vor allem auch die Qualität Ihres Netzwerks verbessern. Glauben wir Metcalfe, kann dies Ihr Leben verändern.

Wie so vieles im Leben haben Beziehungen einen Beginn, ein Wachstum, eine Reife und häufig auch einen Niedergang und einen Tod. Jede dieser Phasen können Sie gestalten, wie es Ihnen und Ihren Netzwerkpartnern beliebt und hilft. Daher gibt Ihnen Monika Scheddin nicht nur die Anleitung für den Aufbau Ihres Netzwerks, sondern auch für Ihre Netzwerkpflege und Ihre Netzwerkhygiene.

Das Wesentliche ist immer einfach: Netzwerken heißt vor allem, mit sympathischen und interessanten Menschen Zukunft zu schaffen. In diesem Sinne wünsche ich Ihnen und allen Netzwerkern eine glänzende Zukunft.

Pero Mićić
Zukunftsmanager und Vorstand
der Future Management Group AG
(www.Micic.com)

Einleitung

Ich freue mich über diese neue, aktualisierte Auflage meines Buchs »Erfolgsstrategie Networking«. Ein herzliches Dankeschön an alle meine Leser, die dafür sorgen, dass mein Buch seit Erscheinen auf Platz eins der Networking-Bücher bei Amazon steht. Das freut mich riesig!

Seit ich die erste Version 2001 zu schreiben begann, gab es die sogenannten Sozialen Netzwerke noch nicht. Weder Facebook noch Xing waren gegründet – diese entstanden erst 2003.

Doch nicht erst seit Aufkommen der neuen Medien werden Netzwerke geknüpft und gepflegt. Schon in früheren Zeiten war klar, dass eine Gruppe mehr ausrichten kann als ein Einzelner, dass es einfacher ist, die eigenen Interessen innerhalb eines Verbands zu vertreten. Schon immer rückten die Vertreter gesellschaftlicher Schichten näher zusammen, um sich gegenseitig zu fördern. In Politik und Wirtschaft helfen Seilschaften seit jeher weiter, und nicht zuletzt erweitern Menschen mit einem dicken Adressbuch ihre Perspektiven, ihre Möglichkeiten und ihren Horizont. Ob Gewerkschaften oder Arbeitgeberverbände, ob Wirtschaftsjunioren oder Round Table, ob Rotary- oder Lions-Club – Foren zum Positionieren, Politisieren und Kungeln gibt's genug.

Galt es noch vor wenigen Jahren als ein Makel, über Vitamin B – »B« für Beziehungen – nach oben zu kommen oder sich mithilfe von Seilschaften über die Karriereleiter zu hangeln, so hat sich diese Einstellung in den vergangenen Jahren von Grund auf gewandelt. Wohl auch deshalb, weil zahllose Netzwerke für unterschiedlichste Gruppen und Zwecke entstanden sind und die Kontaktbörsen nicht mehr den Hauch des Elitären, Unerreichbaren verströmen. Heute heißt es: Beziehungen schaden nur denjenigen, die keine haben. Zudem erleichtert das Internet die Suche nach Verbündeten sowie die Kontaktaufnahme und -pflege. Gründe und Anlässe für's Business-Networking gibt es allemal genug: So müssen Existenzgründer Kunden- und Lieferantenbeziehungen aufbauen und gezielt den Austausch mit Gleichgesinnten suchen. Der Unternehmer ist auf Feedback und Inspiration angewiesen. Angestellte sichern sich beim Flurplausch, bei Seminaren oder auf der Weihnachtsfeier Vorsprung versprechende Firmeninterna.

Führungskräfte überwinden Spezialistentum, einseitige Sichtweisen und auch ihre Einsamkeit an der Spitze, wenn sie außerhalb der Firma wirkliche und interessierte Gesprächspartner finden.

Mit den Sozialen Netzwerken entstanden ungeahnte neue Möglichkeiten: Netzwerken wurde unglaublich einfach und nahezu zum Nulltarif möglich.

Wenn Neues auf den Markt drängt, wird die Anwendung jedoch meist übertrieben: Massenmails und Event-Einladungen überschwemmten schon bald den Markt. Adressen wurden hemmungslos an Kooperationspartner verkauft. Kunden und Interessenten zeigten sich genervt. Die Währung des Qualitätsnetzwerkens, »Vertrauen«, schrumpfte.

Die Firmen versuchten, den Networking-Trend auf ihre Weise in den Griff zu kriegen: mit Compliance-Regeln. Was eigentlich eine sinnvolle Regelung des Arbeitsalltags bedeuten sollte (Wie gehen wir miteinander um? Was ist in Ordnung, wo sprechen wir von Bestechung?), wurde dermaßen übertrieben, dass Führungskräfte ihre Kunden noch nicht einmal zu einem Kaffee einladen durften und dass keine Geschenke mehr angenommen wurden. Selbst ein Blumenstrauß musste abgelehnt werden – nicht wirklich beziehungsfördernd.

Gesetzliche Regelungen erschweren es aktuell, mit potenziellen und selbst mit bestehenden Kunden in Kontakt zu treten. Sie dürfen weder angerufen noch per Newsletter angeschrieben werden, wenn sie sich nicht vorher damit einverstanden erklärt haben. Doch wie man jemanden fragen kann, den man nicht kontaktieren darf, ist nicht geklärt.

Als ich gemeinsam mit Lars Hinrichs, dem Gründer von Xing, 2004 zu Gast bei einer Podiumsdiskussion »Praxisnahes Networking« war, herrschte noch die Meinung, virtuelle Netzwerke könnten das echte Treffen von Mensch zu Mensch tatsächlich ablösen. Heute weiß man: A fool with a tool is still a fool. Soziale Netzwerke machen uns die Kontaktpflege einfacher. Ein ausführliches, persönliches Gespräch, vielleicht in Verbindung mit einer Einladung zum Mittagessen oder Dinner, ist an Wertschätzung dagegen nicht zu überbieten.

Die Bedeutung des Netzwerkens hat nicht an Wert verloren – im Gegenteil. Aber mehr denn je wollen Menschen sich persönlich gemeint fühlen und Vertrauen haben können.

Dieses Buch will Sie beim Aufbau Ihres Business-Networkings begleiten. Es geht also um Beziehungsaufbau und -pflege, es geht darum, beruflich schneller und eleganter zum Zug zu kommen und die eigenen Ziele zu erreichen. Und zwar spielerisch, vergnüglich. Es geht nicht um Sieg oder Niederlage, sondern um Gewinn. Und zwar für alle Beteiligten. Schauen wir uns also gemeinsam das Spielfeld und die Spielregeln an.

Monika Scheddin, September 2013

Netzwerken: Was bedeutet das eigentlich?

Wenn Sie einen Facharzt, einen Sportverein, einen Frisör oder einen Hundezüchter suchen, wie beginnen Sie üblicherweise Ihre Suche? Genau, Sie fragen Menschen, die Sie kennen. Die auf gleicher Wellenlänge liegen. Das ist in der Regel die schnellste und effektivste Art, die gewünschte Information zu erhalten. Übertragen auf den Job nennt man dies Networking. Netzwerken ist Beziehungsmanagement von mindestens zwei Beteiligten gleichzeitig unter der Prämisse, »dass beide die Beziehung freiwillig aufrechterhalten«, so der Lüneburger Professor Jürgen Lürssen. Beide Seiten gewinnen, indem sie

- Erfahrungen austauschen,
- sich empfehlen,
- Geschäfte miteinander machen,
- einander Feedback geben, kritisieren oder beraten,
- Marktinformationen austauschen,
- sich miteinander vergleichen (Benchmarking),
- gemeinsame Sache machen und Synergien nutzen,
- sich positionieren und sich einen Namen machen.

Ob Seilschaften, Filz oder Netzwerke, ob kungeln oder nicht, alles ist möglich und natürlich auch Realität. Wir müssen allerdings nicht auf etwas verzichten, das unser Leben einfacher macht, nur weil es immer auch schwarze Schafe gibt, die diese Form des Miteinanders für ihre Machenschaften missbrauchen. Und wie gut, dass es sie gibt, denn woran sonst sollten wir unsere eigene Redlichkeit messen? Angenommen, Sie wollen ein neues Betriebsgebäude bauen und ahnen, dass es bis zur Genehmigung dafür ewig dauern könnte, wenn sie nicht sogar total verweigert wird. Dann hilft ein entsprechend guter Kontakt zur Baubehörde ungemein. Auch die Finanzierung geht – wegen fehlenden Argwohns – schneller und bequemer, wenn der Kreditsachbearbeiter im gleichen Tennisclub spielt. Damit erst gar keine Missverständnisse aufkommen: Es geht hier nicht um zwielichtiges oder gar ungesetzliches Tun. Wenn die Beziehung eine gute ist, gehen die Dinge aufgrund von hohem persönlichem Engagement schneller und eleganter vonstatten.

Wer an dieser Stelle über fehlende eigene Beziehungen meckern will, der sollte sich erst einmal die Allbus-Statistik ansehen: Danach hat ein Bundesdeutscher ein Bekanntschaftsnetz aus 1882 Personen, das vom Bäcker um die Ecke über den pensionierten Doktorvater bis hin zur Cousine Elke in Magdeburg reicht. Darin enthalten sind 556 aktive Beziehungen, also Kontakte zu Menschen, die sofort nutzbar wären. Die keiner großen vorherigen »Renovierung« bedürften. Und selbst wenn es bei Ihnen persönlich »nur« 480 aktive Beziehungen wären, die Bausubstanz ist bereits vorhanden. Und das bestätigt meine eigene Erfahrung, die ich beim Coaching von Managern gewonnen habe: Ungefähr 85 Prozent aller neuen Jobs werden über Beziehungen vermittelt. Die Hälfte der anschließend genutzten Kontakte war nicht ad hoc präsent, sondern musste zunächst mühsam aus Hirn und Visitenkartenbüchern herausgefischt werden. Vor allem Selbstständige sollten sehr großes Interesse am Netzwerken haben, denn sie sind ganz besonders auf gute Beziehungen angewiesen. Sie erkennen Monat für Monat ganz direkt, wie gut sie ihre Beziehungen aufbauen und pflegen – an ihrem vollen oder leeren Auftragsbuch. Doch auch Firmen und ihre Angestellten erklären Networking zum Trend. Wenn auch mit einer ganz anderen Motivation: Für sie geht es vor allem um Wissensaustausch und um Arbeitsplatzsicherung.

Während sich noch bis vor hundert Jahren unser Wissen etwa alle hundert Jahre verdoppelt hat, geschieht dies nun ungefähr alle zwei Jahre. Wer langfristig konkurrenzfähig bleiben will, muss dafür Sorge tragen, dass er rechtzeitig über alle relevanten Informationen verfügt. Dies gilt heute mehr denn je, meint auch der ehemalige Shell-Manager Arie de Geus: »Die Fähigkeit, schneller zu lernen als die Konkurrenz, ist vielleicht der einzige dauerhafte Wettbewerbsvorteil.« Wer auf Wissen angewiesen ist, dem hilft ganz entscheidend ein Netzwerk, das gewährleistet, dass ihn wichtige Informationen auch tatsächlich erreichen. Aber nicht nur die Sicherung von aktuellem Wissen, sondern auch die Absicherung der Erwerbsfähigkeit in Eigenverantwortung mobilisiert den Angestellten zum Netzwerken. Während unsere Väter noch goldene Uhren für 25-jährige Betriebszugehörigkeit erhielten, können wir heute fast sicher sein, nicht länger als sechs, sieben Jahre bei einem Arbeitgeber zu verweilen. Das heißt, in einem Arbeitsleben kommen wir auf drei bis fünf Arbeitgeber – spätere Selbstständigkeit nicht ausgeschlossen. Daher gilt für jeden Selbstständigen und Angestellten: **Installieren Sie gute Beziehungen, bevor Sie sie brauchen.**

Die Geschichte des Netzwerkens

Seit Menschengedenken verbünden und schließen sich die Menschen zusammen. Sie netzwerken sowohl aus wirtschaftlichen und politischen als auch aus gesellschaftlichen Gründen. Bereits in der Antike (500 vor bis 400 nach Christi Geburt) wird der attische Seebund geschlossen und gründet Platon seine Akademie (387 vor Chr.), an der auch Aristoteles studierte. Im Mittelalter (400 bis 1200 nach Chr.) entstehen die Benediktinerorden nach dem Vorbild des von Benedikt von Nursia 529 gegründeten Klosters. Auch sie bilden Netzwerke. Und auch der Zusammenschluss in Gilden, die dazu dienen, gemeinsame Interessen zu wahren, bekommt Gewicht. Die Gilden treten auf als Bauernvertretungen, Bruderschaften mit religiösen Motiven und später als Vereinigung von Handwerkern (Zünfte) und Kaufleuten (Hanse). Im Hochmittelalter und in der frühen Neuzeit (1200 bis 1700 nach Chr.) entstehen Netzwerke, die den heutigen bereits sehr ähnlich sind. So schließen sich im 12. Jahrhundert die von der Hofhörigkeit befreiten Handwerker in Zünften zusammen. Ein Teil der damaligen Aufgaben dieser Zusammenschlüsse wird heute von Innungen und Handelskammern wahrgenommen.

Ungefähr zur gleichen Zeit entstand die Hanse. Von der Mitte des 12. Jahrhunderts bis zu ihrem Ende im 17. Jahrhundert gehörte sie zu den machtvollen Bündnissen, die Geschichte geschrieben haben. Die Städte organisierten sich in Städtebünden. Nicht der einzige, aber der größte und mächtigste war die norddeutsche Hanse. Der norddeutschen Hanse gehörten circa 70 Städte an; an ihrer Spitze stand Lübeck. Die Hanse verschaffte den einzelnen Mitgliedern Rechte und Privilegien. Es gab eindeutige Regeln dafür, wie ein Kaufmann Mitglied der Hanse werden konnte. Das entscheidende Kriterium war das Geburtsrecht: Nur, wer von deutschen Eltern abstammte, nach deutschem Recht lebte und außerdem die Berechtigung zum selbstständigen Auslandshandel als Kaufmann erworben hatte, konnte Mitglied der Hanse werden. Die Ziele des Zusammenschlusses der Fernkaufleute in der Hanse waren ebenfalls eindeutig. Zunächst galt es, die Handelswirtschaft zu unterstützen und damit den Profit aus dem Fernhandel zu erhöhen. Schon bald aber kam ein anderes Ziel hinzu, das sich aufgrund der Zusammensetzung der Mitglieder ergab: die Durchsetzung der Interessen des Bürgertums in den Städten gegen adlige Herrschaftsansprüche.

Brigitte Riebe beschreibt die Zustände in ihrem historischen Roman »Pforten der Nacht«. Wir befinden uns im 14. Jahrhundert: »Hungersnöte, Kriege und Seuchen. Insbesondere die Pest wütete. Erstmals zirkulierten größere Geldmengen innerhalb

Europas. Manche machte reich, was die Anderen verarmen und verzweifeln ließ. In den schnell expandierenden Städten, die alle vehement danach trachteten, sich von der Bevormundung eines weltlichen oder kirchlichen Stadtherrn zu befreien, hatten sich nicht nur die Handwerker in Zünften zusammengeschlossen, sondern auch Kaufmannsfamilien in Gilden. Die Kaufleute zeigten sich als die eigentlichen Gewinner des 14. Jahrhunderts, zumindest bis zum letzten Drittel, als schließlich reich gewordene und selbstbewusste Handwerker immer stärker in die Stadtparlamente drängten und erfolgreich mit allen Mitteln versuchten, den alten Stadtherren den festgefügten Rang streitig zu machen.«

Im 14. Jahrhundert beginnen sich zudem die Freimaurer zu formieren. Diese verstehen sich – wie heute auf ihrer Homepage zu lesen ist – als »eine international verbreitete Bewegung von humanitärer, der Toleranz verschriebener, auf lebendige Bruderschaft abzielender Geisteshaltung«. Die Freimaurer mit wohlklingenden Namen wie »Zur königlichen Kunst« oder »Empor zu Mozarts Licht« unterteilen sich in Logen, die wiederum in Großlogen (als eingetragene Vereine oder Körperschaften des öffentlichen Rechts) zusammengefasst werden. In Deutschland entstand die erste Loge 1737 in Hamburg und erhielt gewaltigen Auftrieb durch den Beitritt des preußischen Kronprinzen, des späteren Königs Friedrich II., den Großen. Vor 1933 gab es in Deutschland etwa 76 000 Freimaurer. Den Nazis waren die Geheimbündler ein Dorn im Auge. Daher sorgten sie für die Schließung der Logen, verfolgten die Mitglieder und verwendeten die dabei beschlagnahmten Vermögen für eigene Zwecke. Die nach 1945 wiederentstandenen Logen schlossen sich 1958 zu den »Vereinigten Großlogen von Deutschland« zusammen. Weltweit gibt es derzeit fast sieben Millionen Freimaurer in über 30 000 Logen (davon circa vier Millionen in den USA). In Deutschland sind circa 20 500 Mitglieder in ihren jeweiligen Logen und fünf Großlogen organisiert. Die katholische Kirche war von Anfang an gegen die Freimaurer eingestellt. Zwischen 1738 und 1918 verurteilte sie diesen Zusammenschluss in zwölf päpstlichen Stellungnahmen wegen »antiklerikalistischer Ziele und humanistisch-deistischer Weltanschauung«. Dies mündete in eine Exkommunikation, die erst im Jahr 1972 wieder aufgehoben wurde.

Zahlreiche berühmte Persönlichkeiten aus allen Bereichen von Politik, Wissenschaft und Kunst waren Freimaurer, darunter Winston Churchill, Johann Wolfgang von Goethe, Wolfgang Amadeus Mozart, Franklin D. Roosevelt, Gustav Stresemann, Kurt Tucholsky und George Washington. Die Freimaurerei versteht sich weltweit als Bruderschaft, die dem einzelnen Mitglied hilft, an der eigenen Persönlichkeitsbildung zu arbeiten – so definiert sich das Freimaurertum selbst. Mitglied werden kann jeder volljährige, freie Mann von gutem Rufe, jeder ernsthaft Suchende, der sich zur Freimaurerei hingezogen fühlt. Nach wie vor agieren die Freimaurer im Verborgenen – trotz Internetauftritt und E-Mail-Anschluss. Theoretisch geben sie sich hier offen gegenüber möglichen neuen Mitgliedern, aber praktisch geht hier ohne gute Beziehungen nichts. Sie zeigen sich theoretisch auch dem weiblichen Geschlecht zugänglich, aber praktisch bestätigen nur Ausnahmen diese Regel.

Auch wirtschaftliche Interessengemeinschaften entstanden. Was die Medici in Florenz waren, wurden im 15. Jahrhundert in Augsburg die Fugger: Herren über ein weltweites Finanzimperium. Jakob I. ist Begründer der Linie der Fugger und Gründer des Handelshauses, dem seine Nachfahren durch Handels- und Geldgeschäfte, Bergwerksunternehmungen, Faktoreien, Agenturen und Verbindungen nach Übersee Weltgeltung und Einfluss auf die Politik verschafften. Sein Sohn, Jakob II., auch der Reiche genannt (1459–1525), besaß das Kupfermonopol in Europa und mischte beim ostindischen Gewürzhandel mit.

Ein vorbildlicher Netzwerker der Neuzeit war Johann Wolfgang von Goethe (1748–1832). Er passte genau in eine Gesellschaft, die seit etwa 1800 unzählige gelehrte Gesellschaften, Vereine, Salons, Männerabende in den örtlichen Gasthäusern, Lesezirkel und Teeabende zelebrierte. Goethe selbst war nicht nur Mitglied der Freimaurerloge Amalia in Weimar, er gründete selbst ein Mittwochskränzchen, das ausschließlich in den Wintermonaten nach dem Theater stattfand, den Cour d'Amour. Hier ging es um Liebe und Harmonie. Auch politisches Jonglieren beschäftigte Goethe lange Zeit, besonders seit er durch Begünstigung durch Herzog Carl August im Jahr 1776 Mitglied des Geheimen Rates des Staates Sachsen-Weimar-Eisenach wurde. Zehn Jahre versucht sich Goethe in der Politik, allerdings ohne großen Erfolg. Als er sich im September 1786 zu einem längeren Aufenthalt nach Italien aufmacht, sorgt sein Verbündeter Carl August dafür, dass ihm sein Gehalt weitergezahlt wird. Und der Herzog setzt sich auch dafür ein, dass Goethe nach seiner Rückkehr nach Weimar von fast allen Regierungspflichten befreit wird. Goethe behält die Leitung der Ilmenauer Bergbau-Kommission und übernimmt nach und nach die Oberaufsicht über Wissenschaft und Kunst im Herzogtum. Er inszeniert Theaterstücke und dichtet für feierliche Staatsakte. Goethe genießt den freien Beraterstatus, der ihn wohlinformiert und einflussreich hält.

Auch Richard Wagner (1813–1883) und seine Frau Cosima können als frühe Netzwerker betrachtet werden: Sie empfingen in der Villa Wahnfried in Bayreuth zum Beispiel Franz Liszt (Cosimas Vater), Bayerns König Ludwig II. (Freund und Förderer) und den Philosophen Arthur Schopenhauer (Inspirator). Und schon die Schriftstellerin

Johanna Schopenhauer (1766–1838), die Mutter des Philosophen, war Mittelpunkt eines literarischen Salons in Weimar.

Im Oktober 1902 beschloss Dr. Sigmund Freud, mittels Netzwerken seiner Karriere den richtigen Schub zu verpassen. Der eher einzelgängerische Denker hatte beschlossen, sich von nun an gezielt um die Verbreitung seiner Lehre zu bemühen und einen Kreis von Anhängern um sich zu scharen. Die Rechnung ging auf: Immer mehr Gleichgesinnte schlossen sich seinem Zirkel an. Aus der Mittwochsgesellschaft wurde die »Internationale Psychoanalytische Vereinigung«. Und Dr. Freud konnte seine Psychoanalyse erfolgreich promoten.

Gegenwärtig befinden wir uns im Informationszeitalter. Das heißt, dass im Regelfall irgendwer schon etwas weiß, auch das, was wir wissen wollen. Wir müssen nur rauskriegen, wer. Trotz aller technischer Möglichkeiten von E-Mail über Internet zur Videokonferenz hat sich eines nicht geändert: Man schließt sich zusammen und tauscht sich aus. Menschen haben Ideen und suchen Verbündete.

Wie funktioniert Netzwerken?

Netzwerken beruht auf zwei Grundlagen: Kommunikation und Gruppenbildung. Personen mit unterschiedlichen Fähigkeiten und Eigenschaften schließen sich zusammen, um gemeinsame Ziele zu erreichen, Synergien zu finden und Win-Win-Effekte zu nutzen. Oft genug haben wir es wohl schon gehört: Kaum jemand macht Karriere, nur weil er gut ist. Wir versuchen unseren eigenen Wert für uns wie für Andere auszumachen und diesen mit Kompetenz, (Fach-)Wissen, Qualität und natürlich den »typisch deutschen« Tugenden wie Loyalität, Verlässlichkeit, Pünktlichkeit und Fleiß zu untermauern. Das erwartet man von Ihnen sowieso. Damit überraschen Sie niemanden, das ist mittlerweile selbstverständlich. Es reicht also nicht aus, gut zu sein, wenn es außer Ihnen niemand weiß. Die Einstellung »Ich bin gut. Aber das Anbiedern und Mich-Verkaufen habe ich nicht nötig« ehrt Sie nicht, sie macht Sie höchstens einsam und eventuell sogar arbeitslos. Denn genau diese Einstellung sorgt dafür, dass Kollege Mayer, der fachlich eher 08/15 bieten kann, weniger Überstunden macht, ständig Sachen vergisst, Flüchtigkeitsfehler im letzten Forecast hatte, dass dieser also souverän an Ihnen vorbeischwebt, weil er die richtigen Leute kennt und sich gut verkauft – kurz gesagt: seine Beziehungen nutzt.

Was fördert Ihre Karriere?	
Wissen	10 Prozent
Selbstdarstellung	30 Prozent
Beziehungen	60 Prozent

Quelle: Studie 2003 www.resultate.de

Einer Studie des Marktforschungsinstituts Resultate zufolge beruht beruflicher Erfolg nur zu zehn Prozent auf Kompetenz und Wissen. Wirklich wichtig sind Kommunikation, Eigenwerbung – und die richtigen Kontakte. Außerdem: Menschen, mit denen wir gemeinsame Interessen haben, bereichern nicht nur den beruflichen Alltag, sondern auch die Freizeit. Genau diese Erfolgskomponenten können Sie in Netzwerken erfahren und gefahrlos trainieren. Sie können sich einen Platz erobern, die Graue-Maus-Hülle ablegen und bewusst in Erinnerung bleiben, in neue Rollen schlüpfen, Kontakte knüpfen und dabei experimentieren. Anders als im direkten Arbeitsumfeld kann man im Netzwerk ruhig einmal etwas riskieren. Ihr Job steht nicht auf dem Spiel. Ein Netzwerk bietet sich als Erprobungsstätte und Karriereschmiede geradezu an.

Was bringt Netzwerken?

Häufige Fragen, die Netzwerkneulinge stellen, sind: »Was bekomme ich für die Gebühr, die ich als Mitglied eines Netzwerks zahle? Was habe ich davon, wenn ich mich zeitlich einbringe?« Die Antworten darauf hängen stark davon ab, wie stark Sie sich selbst engagieren. Jedes Netzwerk ist eine Plattform. Eine Plattform, bei der sich bestimmte Menschen zu vereinbarten Terminen mit unterschiedlichen und gemeinsamen Zielen treffen. Es liegt an Ihnen, selbst aktiv zu werden, indem Sie kommunizieren, sich platzieren, engagieren, Chancen erkennen und nutzen. Wenn Sie bei Netzwerk-Veranstaltungen niemanden ansprechen, wenn Sie sich nur einmal jährlich blicken lassen, wenn Sie zu spät kommen und vorzeitig aufbrechen, dann sparen Sie sich eine Mitgliedschaft lieber. Denn so haben Sie gar nichts davon. Wenn Sie aber dazu bereit sind, das Thema Netzwerken für sich selbst eigenständig und engagiert anzugehen, werden Sie auf vielfältige Weise davon profitieren.

Was die Mitgliedschaft in einem Netzwerk bringt

In einem Netzwerk können Sie

- Ihr Image aufwerten,
- Kontakte knüpfen, ausbauen und pflegen,
- mit anderen Geschäfte machen,
- Marktinfos austauschen,
- Tipps, Strategien und Erfolgskonzepte aus erster Hand erfahren und von anderen Teilnehmern lernen,
- Interessengemeinschaften und strategische Allianzen bilden,
- andere motivieren und sich selbst motivieren lassen,
- öffentliche Auftritte proben,
- sich inspirieren lassen,
- Ämter übernehmen,
- Zeit sparen
- und nicht zuletzt eine ganze Menge Spaß haben.

Das eigene Image aufwerten

»Sage mir, mit wem du dich umgibst, und ich sage dir, wer du bist.« Mehr als wir denken, gilt diese Volksweisheit. Hinzu kommt das Prinzip der elitären Verknappung: Wenn nur wenige dürfen, täten (eigentlich) alle wollen. Natürlich locken beginnende Netzwerker vor allem die Feine-Gesellschaft-Plattformen oder hochrangige Wirtschaftsclubs mit streng geregelter Zugangsberechtigung. Vorausgesetzt, man/frau kann sich die Mitgliedsgebühren leisten. Selbstverständlich wird kein Mitglied derart elitärer Clubs seine Zugehörigkeit frech und laut hinausposaunen.

Eine Führungskraft, die es zum Beispiel schafft, als einer von 30 Teilnehmern bei den zweimal jährlich stattfindenden Baden-Badener Unternehmergesprächen mit Chefs aus den Top-Etagen von Wirtschaft, Politik und Wissenschaft in Klausur zu gehen, gilt nicht nur bei Siemens als vorstandsfähig. Wer so weit kommt, verpasst auch seiner Karriere einen gewaltigen Schub nach oben. Würde sich eine junge Führungskraft dagegen einen Platz im Rotary-Club sichern, könnte sie sich innerhalb des Clubs vielleicht einen Namen machen. Inwieweit sie jedoch dem Erwartungsdruck in puncto zeitlichen Engagements oder Spendenfreudigkeit gerecht werden könnte, bleibt zweifelhaft. Image hin oder her: Von einem Netzwerk lässt sich nur dann so richtig profitieren, wenn es die eigenen Ziele unterstützt und wenn man sich zugehörig fühlt. Außerdem kann eine Mitgliedschaft in Berufsnetzwerken für Insider und Außenstehende wie ein Gütesiegel wirken. Man weiß: Der Betreffende hat die Aufnahmekriterien erfüllt oder aber einen guten Draht zum Vorstand gehabt.

Kontakte knüpfen, ausbauen und pflegen

Kontakte sind das A und O im Berufsleben. Egal, ob es darum geht, als Branchenneuling auf alte Hasen zu treffen und von ihnen zu lernen oder sich in Managerkreisen gegenseitig bezüglich Führungsfragen oder Erfolgsstrategien zu beraten. Es ist zum Beispiel möglich, zu solchen Zwecken bundesweite Branchennetze aufzubauen, denn der Hamburger Kollege wird dem bayerischen Erfolgsanwärter schon nicht in die Quere kommen. In Unternehmerzirkeln etwa lässt sich eine komplette Dienstleistungsflotte akquirieren: vom Grafiker über die Werbeagentur, die Designerin, den Masseur, den Steuerberater, die Rechtsanwältin, den Autohändler, den Hotelier oder den Weinlieferanten bis hin zur Catering-Firma. Auch auf so profane Fragen wie »Weißt du eine gute Bank, ein Restaurant für die Weihnachtsfeier, eine Ernährungsberaterin, einen Personal Trainer …?« gibt es bei guten Kontakten interessante Antworten. Wohl dem, der Dank guter Kontakte immer noch einen Platz beim In-Japaner ergattert, vom PR-Chef der Philharmonie für seine Kunden eine private Führung bekommt oder Kinopremieren mit Promi-Garnitur im Doppelpack genießen kann. Und genau solche Beziehungen, die Derartiges ermöglichen, lassen sich in Clubs oder Netzwerken knüpfen. Besser geht's nicht.

Gehen Sie also daran, gute Beziehungen aufzubauen, nehmen Sie regelmäßig an Treffen teil und pflegen Sie die Kontakte zu den Personen, die Ihnen wichtig sind. Bei Netzwerkveranstaltungen treffen Sie natürlich auch auf Mitglieder anderer Netzwerke. Nutzen Sie die Gunst der Stunde und bitten Sie Ihren Gesprächspartner um eine Einladung für einen weiteren Exklusiv-Club.

Mit Anderen Geschäfte machen

Wenn man schon einmal unverbindlich bei einem Gläschen Wein geplaudert hat, entfällt – Sympathie oder Respekt vorausgesetzt – der sonst übliche anfängliche Argwohn. Und wenn dann noch in Verhandlungen miteinander ein »Nein« von beiden Seiten akzeptiert wird, lassen sich doch gut und gerne Geschäfte miteinander machen. Allerdings mit Professionalität: Auch in einem Netzwerk bekommt keiner etwas geschenkt; gegen Vorzugskonditionen hat aber auch niemand was. Doch Achtung: Machen Sie nur Angebote, wenn es tatsächlich Interessenten gibt, die einen Bedarf an Ihrem Produkt oder Ihrer Dienstleistung haben, die den Nutzen erkennen und ein entsprechendes Budget zur Verfügung haben. Die Wahrscheinlichkeit, dass all diese Voraussetzungen bei einem ersten oder zweiten Netzwerktreffen zusammenkommen, ist genauso hoch wie die Wahrscheinlichkeit, dass Sie der nächste Bundeskanzler werden. Denn bis die Gleichung Verkaufen = gute Beziehung + Nutzen + Budget aufgeht, sind Zeit und gelungenes Networking nötig. Einfacher und vor allem bei Existenzgründern und Jungunternehmern mit kleinen Budgets beliebt: Geschäfte im gegenseitigen Austausch. Machst du mir mein Briefpapier nebst Visitenkarten, organisiere ich dir die nächste Veranstaltung. Du gestaltest meinen Internetauftritt und ich mache dich fit in Rhetorik. Nutzen Sie alle Möglichkeiten, die sich Ihnen bieten, und bleiben Sie dabei professionell und geduldig.

Marktinfos austauschen

Welche Themen kommen in näherer Zukunft? Was ist in / out? Wo werden interessante Jobs vakant? Welche Managementgurus sind gerade Kult? Auf welche Gesetzesänderungen muss man sich einstellen? Wer ist im Moment wo beschäftigt? Wer wechselt wohin? Wo gibt es welche Messen und wie ausgebucht ist die diesjährige CeBIT? Die Antworten auf solche und ähnliche Fragen werden Sie sehr wahrscheinlich bei dem einen oder anderen Netzwerktreffen erfahren. Jeder bringt sein Wissen und die Neuigkeiten, die er gehört hat, mit und ein reger Austausch wird möglich. Wie gut Sie mit ofenfrischen Infos versorgt werden, gibt Hinweise auf Ihren persönlichen Vernetzungsgrad. Engagieren auch Sie sich. Vor allem, wenn Sie schon wissen, was für die anderen Teilnehmer des Netzwerks wichtig ist, werden Sie gezielt Informationen für die Anderen bereithalten können und so auf der Informationsbörse ein willkommener Gast sein.

Tipps, Strategien und Erfolgskonzepte aus erster Hand erfahren und von anderen Teilnehmern lernen

Wenn Sie in ein Netzwerk mit offener Atmosphäre gelangen, dann ist die wohl wertvollste Netzwerkerfahrung die Erkenntnis, dass es den Anderen genauso geht wie Ihnen. Denn:

- Keine Führungskraft konnte sofort führen.
- Es gibt wohl keinen Menschen, der sich nicht von Zeit zu Zeit Sorgen macht.

- Es gibt keinen Existenzgründer ohne Existenzängste.
- Kein Mensch hat zu viel Selbstbewusstsein.
- Niemand hat schon genügend Anerkennung erhalten und daran keinen Bedarf mehr.
- Fast jeder zweifelt wenigstens ab und zu an sich selbst.
- Viele hadern mit ihrem Zeitmanagement.
- Eine Vielzahl der Teilnehmer jongliert mit unterschiedlichen Rollen, zum Beispiel als Manager, Partner, Vater / Mutter, Tochter / Sohn, Golfer, Dichter, Denker, Hundehalter.
- Die meisten stellen irgendwann die Sinnfrage. Gut zu wissen, dass man dann nicht allein da steht.

Die Erfahrungen und Lebenswege der Teilnehmer werden sehr unterschiedlich sein: Die eine wurde erfolgreich, weil sie Auslandserfahrung hat und fünf Sprachen spricht, ein anderer, weil er nicht gekleckert, sondern geklotzt hat, und wieder eine Andere, weil sie direkt nach dem Studium den Grundstein für ihr Unternehmen legte. Der Nächste hat vielleicht Medizin studiert, ist heute jedoch renommierter IT-ler. Kaum etwas ist so widersprüchlich wie Erfolg. Umso spannender ist es, denjenigen zuzuhören, die ihren Weg gefunden haben. Seit wir die Schule verlassen haben, ist Abkupfern nicht nur erlaubt, sondern smart. Voneinander lernen, das können meist diejenigen, die schon gelernt haben, die Andersartigkeit anderer zu schätzen. Der systematische Umsetzer zum Beispiel lernt von den Kreativen, der Kreative wiederum kriegt Entscheidungshilfe und den gewünschten Tritt in den Hintern. Oder der Analytische merkt, wie nützlich Intuition sein kann, und die Empathische begreift, dass es ein Leben jenseits von Befindlichkeiten gibt.

Interessengemeinschaften und strategische Allianzen bilden

Die Gleichung »eins und eins ist mehr als drei« geht häufig auf. Wenn zwei Personen jeweils nur eine andere Person von einer Sache überzeugen, sind bereits vier Personen ideell an Bord. Ruckzuck potenziert sich eine Idee. Prof. Dr. Konrad Schindlbeck von der Fachhochschule Deggendorf beschreibt dies so: »Wer allein arbeitet, addiert – wer zusammenarbeitet, multipliziert.« Denn die Beteiligten können auf Synergien zurückgreifen. Ob ein Director Human Resources nach Nachwuchs Ausschau hält, die Werberin für sich PR machen will, der Coach seine ersten Kunden sucht, ein Redner eine Bühne finden möchte oder die Organisatorin sich beweisen will: Dort, wo persönliche Ziele elegant mit einem gemeinsamen Nutzen verbunden werden können, liegt eine klassische Win-Win-Situation vor, von der alle Beteiligten profitieren können. Suchen Sie sich daher Verbündete. Das sind Businesspartner, mit denen Sie vertrauensvolle strategische Allianzen bilden. Sie können sowohl aus der gleichen als auch aus einer anderen Branche stammen. Das Ziel dabei ist die gegenseitige Förderung. Verbündete gehören nicht zur Familie und sind keine privaten Freunde – sie können aber welche werden.

Wie Netzwerken nützt

Ein persönlicher Erfahrungsbericht

In einem offenen Brief beschreibt Anne, 40 Jahre, welche positiven Erfahrungen sie mit dem Netzwerken bislang gemacht hat. Sie ist seit Jahren engagiertes Mitglied eines Business-Clubs und profitiert immens davon.

»Mit meinem letzten Arbeitgeber hatte ich große Probleme. Eine Netzwerkkollegin, die als Rechtsanwältin auf Arbeitsrecht spezialisiert ist, war bereit, mir schnell und unbürokratisch zu helfen. Als ich mich anschließend selbstständig machte, erfuhr ich viel Unterstützung durch meine Netzwerkkontakte: Im Club lernte ich eine Unternehmensberaterin kennen, bei der ich zu günstigen Konditionen eine Existenzgründungsberatung erhielt. Mein erster Auftrag als Unternehmerin kam ebenfalls aus dem Netzwerk. Auch bei der Preisgestaltung meiner ersten Angebote beriet mich ein erfahrener Bekannter aus dem Business-Club. Ein sehr wichtiger Kontakt zu einem international operierenden Unternehmen kam durch einen Netzwerkkollegen zustande.

Durch den Austausch mit und die moralische Unterstützung von meinen Kollegen aus dem Netzwerk habe ich mich zu Unternehmungen aufgeschwungen, an die ich mich allein nie herangetraut hätte. Ich habe mich um eine bestimmte Stelle beworben, ich habe mich Auseinandersetzungen mit Kollegen und Vorgesetzten gestellt und nicht zuletzt den Mut gefunden, mich selbstständig zu machen. Letztlich hat mir der Eintritt in den Business-Club neuen Schwung für die Verfolgung meiner beruflichen Ziele gegeben. Die Erkenntnis, dass auch Andere an ihrer Karriere basteln und mit den gleichen oder ähnlich gelagerten Schwierigkeiten kämpfen, hat mich sehr entlastet. Hier treffe ich Menschen, die vorankommen wollen und die sich dabei gegenseitig unterstützen.

Ich erhalte Wertschätzung, Anerkennung und Respekt, und das tut mir sehr gut. Informationen, die sonst an mir vorbeigegangen wären, landen nun zielsicher bei mir. Zum Beispiel habe ich von einem europäischen Fördertopf und von einem Mentorenprogramm erfahren – beides sehr wichtige Informationen für mich. Im Netzwerk habe ich Vorbilder gefunden, Menschen, die auf ihrem Weg schon weitergekommen sind und an denen ich mich orientieren kann. Wenn ich mich heute auf ein schwieriges Gespräch vorbereite, profitiere ich von einem Seminar, das ich im Rahmen der Clubangebote besucht habe: Ich stelle mir die Frage, welche Botschaft ich vermitteln will, ich feile an meiner Ausdrucksweise, bin mir bewusst, dass meine innere Haltung und meine Körperhaltung den Gesprächserfolg nachhaltig beeinflussen und ich mache mir mit Sätzen wie »Los, das schaffst du!« Mut.

Ein ganz wichtiger Punkt ist das Vertrauen. Im Netzwerk finde ich Menschen, mit denen ich Probleme besprechen kann, die ich mit einem Kollegen oder einer Kollegin nicht klären möchte. Ich nehme einen Rat oder auch eine Leistung von Netzwerkkollegen an, weil ich ihnen vertraue. Und last but not least habe ich eine Jogging-Partnerin gefunden, die mich so aufgebaut hat, dass ich mit dem Gedanken spiele, beim nächsten Stadtlauf mitzumachen.«

Andere motivieren und sich selbst motivieren lassen

In unserem Berufsleben stoßen wir auf viele, oft zu viele Besserwisser, Schlaumeier und Ratschlaggeber um uns herum. Wie schön ist es dann, Menschen zu treffen, die den Rückschlag eines anderen nicht dazu benutzen, um sich selbst in Szene zu setzen, sondern schlicht verstehen, worum es geht. Die nicken und sagen: »Das kenne ich. Ich kann dich ja so gut verstehen.« Die auf ein »Also, ich an deiner Stelle ...« verzichten. Weil sie nicht an meiner Stelle sind und es in einer solchen Situation allein um mich geht. Der Gewinn dieses Zuhörens und einander gegenseitig Aufbauens liegt darin, dass Sie sich nicht alleine fühlen. Das gilt vor allem auch für schwierige Situationen. Zudem können Sie in einem Netzwerk lernen, ebenfalls zu einem guten Zuhörer zu werden, Ihre eigenen Schlussfolgerungen zu ziehen und andere wirklich zu unterstützen.

Sich inspirieren lassen

Ganz schnell versacken wir im Dunst der eigenen Branche, wenn wir nicht über den Tellerrand schauen. Man fängt (für andere) an, komisch zu sprechen und auch Spartenangepasst zu denken. Inspiration aus unbekannten Bereichen tut dann Not und gut.

Zu hören und zu erkennen, wie andere Menschen in anderen Branchen denken und agieren, kann ausgesprochen hilfreich sein, um sich selbst neue Wege zu erschließen.

Houston, we have a problem und Känguru-Meetings

Eine meiner persönlichen Inspirationsquellen ist die Innovations-Expertin Anke Meyer-Grashorn. In ihrer Firma »große freiheit« gibt es Känguru-Meetings. Angelehnt an das tierische Vorbild sind dies Sitzungen, »wo es im Denken nur vorwärts gehen darf. Probleme und Vergangenheitsdenken sind tabu. Genau wie Kängurus nur vorwärts hüpfen können«, so Anke Meyer-Grashorn. Langweilige Aufgaben oder Projekte, die kein Mitarbeiter gern tun mag, bekommen in der großen freiheit den Stempel »Wow project«. Zwar ist damit die Aufgabe dieselbe geblieben, aber die Mitarbeiter gehen mit einer heitereren Einstellung an die Arbeit. Als Coach kenne ich natürlich den Begriff »Reframing« – einer Sache einen anderen Rahmen geben. Dies bedeutet dasselbe, aber eine so hübsche Bezeichnung hatte ich bislang nicht.

Öffentliche Auftritte proben

Für taufrische Redner bietet sich in bestimmten Netzwerken die einmalige Chance auf öffentliche Auftritte. Einige Netzwerke sind froh, wenn engagierte Dozenten für wenig oder gar kein Geld bei ihren Treffen Vorträge halten. Der Redner profitiert ebenfalls, denn er gewinnt Erfahrung. Und die Zuhörer lauschen einem Vortragenden, der vielleicht anfangs noch ein wenig aufgeregt ist, vielleicht noch zu schnell und dafür ein wenig zu lang spricht, aber mangelnde Erfahrung durch den Charme des Engagierten ersetzt. Also bieten Sie sich und Ihr Thema an. Sie werden sicher auch nach dem Vortrag Feedback von den Zuhörern einholen und sowohl Ihren Vortrag selbst als auch Ihre Vortragsweise weiterentwickeln können. Einige Clubs geben bei ihren Veranstaltungen Mitgliedern den Vorzug, Andere wiederum bevorzugen Fremdredner.

Ämter übernehmen

Insbesondere in Netzwerken wie Vereinen, Parteien und öffentlich-rechtlichen Institutionen besteht für Mitglieder die Möglichkeit, ein offizielles Amt zu übernehmen (zum Beispiel Vorsitzende, erster oder zweiter Stellvertreter, Mitgliederbeauftragte, Kassenwart, Protokollführer, Presseverantwortliche, Sponsorenbeauftragter etc.). Die Amtszeit, die damit verbunden ist, dauert je nach Satzung meist zwei Jahre. In der Regel stellen Sie sich, wenn Sie ein Amt übernehmen wollen, den Mitgliedern zur Wahl.

Man sollte meinen, dass Menschen sich darum reißen, Verantwortung zu übernehmen und damit Dinge steuern zu können. Doch genau das Gegenteil ist der Fall. Die Mitmacher und schlimmstenfalls die Nicht-Mitmacher-nachher-aber-meckern-Typen überwiegen. Der Lohn für diejenigen, die sich dennoch engagieren und ihr Ehrenamt wörtlich nehmen: Sie werden von allen Seiten deutlicher wahrgenommen, von den Clubkollegen, den Gästen, von potenziellen Kunden und auch von der Presse. Nutzen Sie diese Möglichkeit, sich selbst nach außen darzustellen.

Zeit sparen

Auch wenn Sie versuchen sollten, immer da zu sein, wo es spannend ist, wo die Musik spielt: Es wird Ihnen nicht gelingen.

Häufig überschneiden sich Termine oder Sie haben Geschäftliches zu erledigen, sodass Sie nicht an allen Veranstaltungen teilnehmen können, die Ihnen wichtig erscheinen. Elegant lassen sich Terminkollisionen auffangen, indem Sie und Ihr innerer Verbündetenkreis die interessanten Termine unter sich aufteilen. Jeder besucht eine andere Veranstaltung und bei einem Business-Lunch, der wenige Tage danach stattfindet, werden die gesammelten Informationen und Eindrücke ausgetauscht und damit wieder auf alle verteilt.

Sich vergnügen

Dieser Punkt klingt im Businesskontext vielleicht etwas deplatziert. Doch Vergnügen ist ein sicheres Zeichen von Entspannung und Genuss. Also gönnen Sie sich Ihren Spaß, indem Sie nette Geschichten aus der Praxis hören, selbst Anekdoten zum Besten geben, für die Bewältigung eines Problems Applaus bekommen, spannende Leute treffen, nette Spielchen machen, einfach Grund zum Lachen haben. Und genau dies ist in einem Netzwerk möglich, zu dessen Treffen Sie gerne gehen, weil Sie sich dort wohl fühlen und auf Gleichgesinnte stoßen.

Welche Arten von Netzwerken gibt es?
Grob unterteilen lassen sich Netzwerke in die folgenden Gruppen

- Regionale und überregionale Netzwerke
- Geschlossene, exklusive / exzeptionelle und offene Netzwerke
- Informelle und formelle Netzwerke

© Monika Scheddin

Claudia Wöhler
Auf mehrere Netzwerksäulen bauen

Für die ehemalige Geschäftsführerin der vbw – Vereinigung der Bayerischen Wirtschaft gehört das Netzwerken zum Alltagsgeschäft. Neben dem Austausch und der Kontaktpflege für die Ziele des Verbands netzwerkt sie aber auch für persönliche Zwecke.

Mit Persönlichem überzeugen

Wenn Dr. Claudia Wöhler wieder die ganze Woche von früh bis spät in Gremiensitzungen und Vorträgen unterwegs war, hat sie ganz nebenher auch viele Stunden damit verbracht, ihre Kontakte zu pflegen. Denn anders als das Arbeitsumfeld so mancher Unternehmer oder Selbstständiger ist die Verbandswelt selbst bereits ein deutschlandweites Netzwerk mit diversen Mitgliedsverbänden, Bündnissen und Runden Tischen. »Für Wirtschafts- und Arbeitgeberverbände ist Netzwerken die Basis ihres Tuns, denn im persönlichen Gespräch, zum Beispiel am Rande von Veranstaltungen, können Positionen erläutert und Verständnis geweckt werden«, erzählt Wöhler: »Das Persönliche erhöht die Glaubwürdigkeit. Der informelle Austausch senkt zudem die Hemmschwelle zwischen Mitarbeitern verschiedener Institutionen, die an den selben Themen arbeiten, sodass der Austausch im Arbeitsalltag leichter ist.«

Initiative ergreifen

»Ich suche thematische und strategische Allianzen, um die Interessen der bayerischen Wirtschaft zu verfolgen«, fasst Claudia Wöhler die Hauptziele ihres Netzwerkens zusammen. Dafür schafft sie auch selbst regelmäßig Gelegenheiten, sei es eine selbst organisierte Veranstaltung oder ein gemeinsames Essen. Online-Netzwerke hingegen benutzt die Geschäftsführerin nur für Erstkontakte oder zur Personensuche: »Man ist online viel zu weit voneinander entfernt, als dass ein qualitätsreicher Austausch möglich wäre. Zum Netzwerken gehört für mich mindestens einmal im Jahr ein Telefonat oder Treffen.« Zum Aufbau von Beziehungen empfiehlt Claudia Wöhler die Teilnahme an Behörden- oder Wirtschafts-Volontariaten und die Eigeninitiative, regelmäßige

Newcomer-Treffen zu organisieren, z. B. mit einem Mittagessen einmal im Monat. Sehr gutes Kennenlernen ist auch bei Weiterbildungen möglich.

Verschiedene Netzwerke für unterschiedliche Ziele nutzen

Seit kurzem nimmt Claudia Wöhler auch an den monatlichen Treffen des European Women's Management Development (EWMD) teil, besucht den Gute-Leute-Mittagstisch und die Webgrrls. Sie trifft hier Menschen, leitende Frauen oder Selbstständige, denen sie weder in ihrer Arbeitswelt noch in ihrem Privatleben begegnet. »Anfangs habe ich mich dabei nicht wohl gefühlt, weil ich nicht daran gewöhnt war, nur meine eigenen Ziele und Interessen sowie persönliche Sympathien in den Mittelpunkt zu stellen.« Damit betritt Claudia Wöhler für sich Neuland, denn bisher hatten für sie als Verbandsvertreterin die Botschaften und Ziele der Wirtschaft die alleinige Priorität beim Netzwerken. »Inzwischen habe ich richtig Blut geleckt. Diese Form des Netzwerkens hat für mich einen großen Mehrwert als Mensch. Es geht um Bestätigung und Inspiration, um Anregungen für das eigene Lebens- und Arbeitskonzept. Damit habe ich nun zwei unterschiedliche Netzwerksäulen für unterschiedliche Ziele.«

Regionale und überregionale Netzwerke

Viele Gesellschaftsclubs sind nur lokal tätig. So gibt es den Übersee Club nur in Hamburg und den Münchner Herrenclub nur in München. Die meisten berufsbezogenen Netzwerke hingegen arbeiten bundesweit, europaweit oder sogar weltweit. Beispiel: Der Deutsche Journalistenverband als bundesweite Organisation mit internationaler Anbindung. Auch die Lions Clubs haben ein weltweites Netz gespannt, selbst wenn dies von den meisten Mitgliedern vielleicht nur lokal genutzt wird. Einige regionale Clubs nutzen Synergieeffekte und sind miteinander vernetzt, wie zum Beispiel der Hamburger Übersee Club mit dem Berlin Capital Club. Als Vorteil dabei ergibt sich für beide Clubs eine größere Reichweite, die sie alleine nicht hätten. Berliner Geschäftsreisende haben somit in Hamburg eine Dependance, die Hamburger können sich mit Geschäftsfreunden am Berliner Gendarmenmarkt first class verabreden. Die Mitglieder beider Clubs können von zwei Veranstaltungsprogrammen profitieren, zahlen aber nur eine Mitgliedschaft.

Geschlossene Netzwerke

Zu den geschlossenen Netzwerken gehören zum Beispiel die Freimaurer. Auch Adel und Hochadel bilden qua Geburt oder Heirat ein eigenes, in sich geschlossenes Netzwerk. Höchste politische Kreise oder Weltwirtschaftsvertreterzirkel vereinigen Kompetenz und Prominenz und gehören für die Masse zu den Closed Shops. Nur für Eingeweihte gibt es ein Sesam-öffne-dich. Es lohnt sich also kaum, hier irgendwelche Ambitionen zu hegen. Anders sieht es bei den Berufs- oder Firmennetzwerken aus. Diese zählen zu den geschlossenen Netzwerken, da der Beruf oder die Firmenzugehörigkeit die Kriterien für eine Mitgliedschaft sind.

Exklusive / exzeptionelle Netzwerke

Zu den exklusiven, aber durchaus erreichbaren Clubs zählen zum Beispiel die Lions Clubs, die Rotary Clubs, der Übersee Club in Hamburg, das Kaufmanns-Casino, der Herrenclub in München oder der Berlin Capital Club. Hier muss man schon wer sein, um Gnade vor dem Aufnahmegremium zu finden – und natürlich ein wenig Kleingeld mitbringen. Hier tummeln sich die Wichtigen aus allen Branchen. Beachten Sie aber: Vor allem die vornehmen, ehrwürdigen Gesellschaftsclubs wehren sich vehement dagegen, als »Business-Clubs« bezeichnet zu werden. Selbstverständlich sind die vornehmlichen Zwecke der Lions, Rotarys und Co. humanitäre Hilfe, Völkerverständigung und Toleranz. Aber das eine muss das andere nicht ausschließen. Und so werden hier nach allem humanitären Einsatz so ganz nebenbei Spitzengeschäfte getätigt.

Besuch im Berlin Capital Club

Ein Geschäftstermin in Berlin. Mein Geschäftspartner, Geschäftsführer einer international tätigen Eventmarketingfirma, lädt mich an einem Dienstagmittag zum Business Lunch in den Berlin Capital Club ein. Schon die Lage am Gendarmenmarkt ist beeindruckend. Der Capital Club befindet sich im Dachgeschoss des Hilton Hotels und ist von den Mitgliedern per Chipkarte über zwei Aufzüge erreichbar. Nichtmitglieder werden von den Mitgliedern mitgebracht oder die Tür öffnet sich nach Anmeldung dem, der gelistet ist. Schon unten informiert mich ein Schild über zwei wesentliche Dinge, nämlich darüber, dass der Club »Members only« offen steht und bestimmte Öffnungszeiten hat: Montag bis Freitag 8 bis 24 Uhr. An Samstagen, Sonn- und Feiertagen ist der Club ausschließlich für private Veranstaltun-

Oben angelangt, erwarten mich zwei aufmerksame und höfliche Empfangs-
damen, die meine Garderobe und Visitenkarte in Empfang nehmen. Mein
Geschäftspartner kennt sich in seinem Terrain aus und führt mich direkt
ins Club-Restaurant mit sagenhaftem Blick auf den Gendarmenmarkt. Die
Einrichtung ist zeitlos nobel mit Business-Touch. Der Oberkellner ist zackig
zur Stelle und rückt mir den Stuhl zurecht. Der Tisch ist auch tagsüber vornehm für ein Vier-Gänge-Menü gedeckt. Mit Stoffserviette versteht sich.
Die Preise sind erstaunlich human (26,50 Euro für einen Drei-Gänge-Lunch).
Außer unserem sind noch fünf andere Tische besetzt. Insgesamt passen in
das Restaurant schätzungsweise 70 Personen. Der Geräuschpegel ist angenehm niedrig. Schon wird ein edler Aperitif serviert und es scheint fast, als
leiste sich der Club pro Gast eine Bedienung. Das Essen ist erwartungsge-
mäß vorzüglich. Nach dem zweiten Gang gibt sich der General Manager die
Ehre und begrüßt uns persönlich. Gezahlt wird mit Mitgliedskarte

Der Berlin Capital Club hat neben dem Restaurant weitere Clubräume:
Bar, Kaminecke, TV-Raum, Cigar-Lounge und Extraräume für Dinner oder
Besprechung. Die Besprechungsräume sind wie Seminarräume im Hotel
extra zu buchen und zu zahlen. Das restliche Club-Ambiente ist in den Mitgliedsgebühren von 1 375 Euro enthalten. Mitglied im Berlin Capital Club
kann werden, wer »als hochkarätiges Mitglied der deutschen und internationalen Gesellschaft oder als Manager der deutschen Wirtschaft« vom
Gründungskomitee oder von Mitgliedern empfohlen wird. Die Mitgliedschaft erfolgt dann ausschließlich auf Einladung. Mitglieder des 25-köpfi-
gen Gründungskomitees sind unter anderem Heinz Dürr von der Dürr AG
(Präsident des Berlin Capital Clubs), Hans-Jürgen Bartsch, vormals Dresd-
ner Bank AG, Paulus Neef, Gründer der Pixelpark AG, Sandra Pabst, Designerin, Prof. Dr. Frank Schneider, ehemaliger Intendant Konzerthaus Berlin,
Dr. Ludolf von Wartenberg, einstmals Hauptgeschäftsführer BDI, und natürlich der Initiator des Ganzen: Dieter R. Klostermann, CCA Holdings Ltd.

Der Club hat über 1 400 Mitglieder. Die Aufnahmegebühr beträgt für Pri-
vatpersonen derzeit 4 300 Euro. Als Leistung erhält man ein höchst exklusi-
ves, repräsentatives Geschäftswohnzimmer, kann mit Politikern frühstü-
cken, Kulturveranstaltungen, Vorträge sowie monatliche Mitgliederabende
besuchen. Eine solche Mitgliedschaft bringt natürlich zudem einiges an Pres-
tige. Kontakte zu den wichtigsten der Wichtigen und Zugang zu deren Netzwerken muss ein Neumitglied über die Jahre hinweg schon selbst knüpfen,
eine Mitgliedsliste gibt es nicht. Mein persönliches Fazit: Ein Business-Lunch
im Berlin Capital Club ist etwas ganz Besonderes, das sich aus der Summe

vieler Kleinigkeiten zusammensetzt: Freundlichkeit, Service, persönliche Anrede, gutes Essen und last but not least Exklusivität. Hier erfährt ein Mitglied, was Wertschätzung bedeutet. Zurück bleibt ein gutes Gefühl. Wenn das kein gelungener Auftakt für gute Geschäfte ist ...!

Kommen wir nun von den fröhlich-frechen Berlinern direkt zu den vornehmen Hanseaten. Stellvertretend für norddeutsches Clubleben habe ich den Übersee Club herausgefischt.

Besuch im Übersee Club, Hamburg

Der Hamburger Übersee Club kann ebenfalls mit eigenen Clubräumen in bester Lage aufwarten: Neuer Jungfernstieg 19, direkt an der Außenalster. Und er hat noch etwas zu bieten: Geschichte.

Ich habe einen Termin mit Herrn Dettweiler, dem damaligen Geschäftsführer des Clubs. Obwohl ich nicht von einem Butler empfangen werde, benimmt sich der Empfangschef ganz genauso. Und ruckzuck fühlt man sich eine Spur wichtiger. Meine Garderobe wird mir geflissentlich abgenommen, der Empfangschef schreitet davon, um mich anzumelden – kommt noch einmal zurück und fragt: »Frau Dr. Scheddin?« Betonung auf Doktor. Ich muss verneinen. In der Zwischenzeit habe ich die Gelegenheit, mich genauer umzuschauen. Die Einrichtung ist edel und kostbar. Alles wirkt liebevoll gepflegt. Herr Dettweiler klärt mich über das Clubleben auf. Für die Redner ist es eine Ehre, auf der Bühne des Übersee Clubs einen Platz zu haben. Man gibt sich offen anderen Elite-Clubs gegenüber; der Lions Club und der Verband deutscher Unternehmerinnen etwa nutzen die Gastfreundschaft des Übersee Clubs. Auch nicht schlecht fürs Cross-Networking.

Auch wenn es nicht ganz einfach ist, Mitglied zu werden. Wenn die Aufnahmehürden überwunden sind, bleibt eine Mitgliedschaft sogar erschwinglich. Mit 350 Euro Aufnahmegebühr und noch einmal 350 Euro Jahresbeitrag ist man dabei. Während die neuen Business-Clubs eine künstliche Hautevolee durch prominente Gründungsmitglieder (ohne Kosten), durch extrem hohe Aufnahmegebühren und vergleichsweise hohe Mitgliedsgebühren schaffen wollen, hat ein altehrwürdiger Club wie der Übersee Club so etwas nicht nötig. Der ist per se wichtig und macht dies nicht an Geld fest.

In der deutschen Wirtschaft kennt man den Übersee Club. Der Lions Club ist weltweit jedem ein Begriff, egal ob Künstler, Schriftsteller, Fregattenkapitän oder Hausfrau und egal ob in Duisburg oder San Francisco. Dass man auch als Weltenbummler von seiner Clubmitgliedschaft profitiert, zeigt das folgende Beispiel.

Netzwerken schafft Freunde – auch in der Fremde

Der Schriftsteller Rainer M. Schröder berichtet über seine Researchtour in Afrika: »Auf der Hauptstraße der beschaulichen Stadt ... werden wir von Thys Grobler und Jahnn Swanepol erwartet, die dem örtlichen Lions-Club angehören. Schon vor Monaten habe ich von Deutschland aus mit ihnen per Fax Kontakt aufgenommen und sie gebeten ... meine Wünsche vorzubereiten. Ganz Lions-Freunde und ohne von mir mehr als meinen Namen und die Absicht meines baldigen Recherchebesuches zu wissen, hatten sie sich meiner Wünsche angenommen.«

(Rainer M. Schröder: Zwischen Kapstadt und Kalahari. München 2000)

Den letzten Club, den wir gemeinsam besuchen, kennt so gut wie keiner: Von sieben Milliarden potenziellen Mitgliedern (entspricht in etwa der Weltbevölkerung) haben es nur 3 000 zu einer Mitgliedschaft gebracht.

Die Verrückten findet man im Explorers Club

Um in diesem höchst elitären, 1904 gegründeten Club Mitglied werden zu können, müssen Sie Wüsten durchquert, ein bis dato unbekanntes Steinzeittierchen entdeckt haben oder auf dem Mars gewesen sein. Rund 3000 Männer und Frauen aus 60 Nationen sind Mitglied, so etwa der Amerikaner Neil Armstrong, der 1969 als erster Mensch auf dem Mond landete, der Neuseeländer Imker Edmund Hillary, der als Erster den 8848 Meter hohen Mount Everest bestieg, der Amerikaner Robert Ballard, der 1985 die Titanic fand und ihre Schätze hob, und Reinhold Messner, der erste Bergsteiger, der alle 14 Achttausender ohne Sauerstoff bezwang. Wer Ähnliches auf Lager hat, braucht nur noch zwei Bürgen aus dem Club und muss das Aufnahmegremium überzeugen. Die Mitgliedschaftsgebühr von 120 US-Dollar pro Jahr ist dann eine vergleichsweise kleine Hürde. Man trifft sich im März in New York zur Jahresparty im Waldorf-Astoria.

Offene Netzwerke

Zu den offenen Netzwerken gehören alle Plattformen, die jedem zugänglich oder bei denen die Aufnahmehürden niedrig sind. Gering sind auch – wenn sie überhaupt anfallen – die Kosten für die Mitgliedschaft. Häufig glänzen offene Netzwerke durch hohe Mitgliedszahlen. Zu dieser Gruppe zählen viele Internet-Netzwerke, die politischen Parteien, Stiftungen wie die Friedrich-Ebert-, Konrad-Adenauer- oder Petra-Kelly-Stiftung. Auch die Toastmasters als Plattform für Menschen mit Spaß an Rhetorik sind offen für alle. Mit der Mitgliedschaft in einem offenen Netzwerk sind meist auch bestimmte Rechte verbunden, zum Beispiel die Mitbestimmung bei der Programmplanung oder das Übernehmen von Posten. In der Mitgliederversammlung kann jeder Teilnehmer seine Rechte wahrnehmen.

Ganz streng genommen gehören die folgenden beiden Gruppen nicht in die Kategorie der offenen Netzwerke: die Berufsnetzwerke und die meisten Frauennetzwerke. Dennoch sind die Eingangshürden so niedrig, dass ich sie nahezu als offen bezeichnen möchte. Bei den meisten Berufsnetzwerken reicht es aus, den entsprechenden Job zu haben, um dabei sein zu können oder zu müssen. Jeder Marketingspezialist kann Mitglied in einem Marketingclub werden, jeder Lehrer kann Mitglied des Lehrer- und Lehrerinnen-Verbands werden und Pflichtmitglied von Amts wegen wird der Steuerberater in der Steuerberaterkammer, der Anwalt in der Anwaltskammer, der Unternehmer in der Industrie- und Handelskammer und so weiter. Bei den meisten Frauennetzwerken reicht es aus, eine Frau zu sein.

Als Beispiel für ein offenes Netzwerk nenne ich an dieser Stelle die CDU Deutschland. Einzige Bedingung für die Aufnahme ist die Erklärung, dass Sie »keiner anderen Partei oder anderen politischen, mit der CDU konkurrierenden Gruppe oder deren parlamentarischen Vertretung angehören«. Und wenn Sie dann noch mindestens fünf Euro monatlich zahlen (Selbsteinschätzung nach monatlichem Bruttoeinkommen), dürfte dem Beitritt nichts mehr im Wege stehen und sie gehören zu den bundesweit über 450 000 CDU-Mitgliedern.

Informelle Netzwerke

Fast ausnahmslos spannender im Vergleich zu formellen Netzwerken sind informelle Treffen von bestimmten Menschen, Clubs oder Gruppen. Hierbei handelt es sich um nicht-offizielle, geschäftsfreundschaftliche Zusammenkünfte. Je populärer jemand ist, desto mehr ist er auf diese Art von Netzwerken angewiesen, will er selbst etwas davon haben und nicht nur als Galionsfigur dienen. Anlässe für diese Treffen können ein gemeinsames Mittagessen, Abendbrot, Sportevent oder die Einladung zur Geburtstagsparty sein. Dabei spielen alle Teilnehmenden in der gleichen Liga. So haben Topmanager vor über 20 Jahren eine Bergsteiger-Seilschaft, den sogenannten Similaun-Kreis, gegründet. Hier wird erst gesportelt und anschließend geredet. Gemäß diesem Beispiel lädt Regine Sixt (die Dame mit den Mietautos) alles, was weiblich ist und mit Rang und Namen aufwarten kann, auf die »Damenwiesn« ein und hat somit ein informelles Netzwerk auf dem Münchner Oktoberfest arrangiert. Oder der Münchner Gute-Leute-Mittagstisch, der exponierte Persönlichkeiten in kleinem Rahmen zum Mittagessen bittet. Handverlesene Gäste mit prominentem Tischredner unter Ausschluss der Öffentlichkeit. Außerdem zählen private, unregelmäßige Business-Dinners und -Lunches, wie sie etwa unter Steuerberatern und Rechtsanwälten üblich sind, zu den informellen Netzwerken.

Kennzeichen der informellen Netzwerke: Es besteht weder ein Teilnahmerecht für Interessenten noch eine Einladungspflicht für den Initiator. Es gibt in der Regel keine festen Termine, keine Mitgliedschaften, keine Extra-Gebühren und oft auch keine formellen Programme. In der Regel gibt es einen Initiator, der einen bestimmten Anlass nutzt, um bestimmte Menschen um sich zu scharen – mit dem Ziel, Beziehungen zu vertiefen, Insider-Informationen zu erhalten, Erfahrungen auszutauschen, Positionen zu stützen oder sich schlicht zu amüsieren. Gelegenheiten dazu gibt es viele: Geburtstag, Firmenjubiläum, Wahlsieg, Aufstieg oder Geburt des Stammhalters. Wichtig ist dabei natürlich, dass die Gäste auch kommen, wenn man einlädt. Und: dass man selbst auf den Gästelisten steht, auf denen man stehen möchte. Aber dafür kann man sorgen, indem man zunächst selbst spannende informelle Treffen arrangiert. Wenn Sie den Job gut machen, revanchieren sich die Eingeladenen sicher schnell.

Formelle Netzwerke

Formelle Netzwerke bilden die quantitativ stärkste Gruppe. Es gibt in Deutschland über 500 000 Vereine, ein Drittel davon sind Sportvereine. In diese Gruppe gehören alle Netzwerke mit fester Struktur, Satzung oder Programm, zum Beispiel Studentenverbindungen, Vereine, Stiftungen, Berufsverbände, politische Parteien und eben auch Business-Clubs. Hier ist klar geregelt, was, wann, wie angeboten wird und wer was tun darf. Ob Marketingclub, Unternehmertreffs oder Lachclub, die Struktur sieht häufig folgendermaßen aus: Die Treffen finden regelmäßig statt, in der Regel einmal monatlich an einem festen Ort. Für die meisten müssen Sie sich vorher anmelden, an einigen wenigen können Sie einfach so teilnehmen.

Ort des Geschehens ist in den meisten Fällen ein Hotel, nur die exklusiven Privatclubs verfügen über eigene Räume. Der Ablauf der Abendveranstaltungen ist jeweils ähnlich. Sie beginnen meist zwischen 18 und 20 Uhr. Die Teilnehmer kommen an und werden vom jeweiligen Regionalverantwortlichen begrüßt. Sie entrichten Ihren Obolus für den Abend, der zwischen 25 und 60 Euro liegt. Mitglieder zahlen in der Regel etwas weniger. Serviceorientierte Netzwerke teilen Namensschilder aus, gegebenenfalls gibt es eine Vorstellungsrunde. Häufig findet man eine Netzwerkecke, eine Stelle, an der die Teilnehmer ihre Netzwerkutensilien auslegen können (Visitenkarten, Folder oder Poster), die andere Teilnehmer betrachten und mitnehmen können. Beachten Sie, dass dies bei einigen Clubs den Mitgliedern vorbehalten ist. Von den Gästen wird zunächst vornehme Zurückhaltung erwartet. In den meisten Fällen folgt nach der Begrüßung der offizielle Teil. Es findet ein gut einstündiger Vortrag statt. Ob gelungen oder nicht, auf jeden Fall bietet er eine solide Basis für die anschließenden Smalltalks. Oft sind die Veranstaltungen mit einem Abendessen, häufig in Büffetform, kombiniert, das entweder vor dem offiziellen Teil oder danach stattfindet.

Nach eineinhalb bis zwei Stunden ist der offizielle Teil meist beendet, und der inoffizielle Teil beginnt: das Netzwerken an der Bar. Hier finden sehr effiziente Gespräche statt. Wer nach dem offiziellen Teil nach Hause geht, hat Netzwerken nicht verstanden. Denn erst in zwangloser Atmosphäre sind der Austausch von Informationen und das Besprechen von Anliegen möglich.

Im Angebot der Clubs enthalten sind die Plattform als solche und die regelmäßigen Veranstaltungen. Es umfasst die gesamte Organisation von Programmplanung und Durchführung (Themen und Dozenten finden, Räumlichkeiten organisieren, Abrechnung, Finanzierung, Mitgliedsbetreuung, Werbung, Marketing, Pressearbeit, Gestaltung des Internetauftritts etc.).

Neben den monatlichen Treffen sind noch weitere gemeinsame Aktivitäten in Form von Stammtischen, Wanderungen oder Ähnliches möglich. Diese werden häufig von den Mitgliedern selbst organisiert. Die Mitglieder der formellen Netzwerke erhalten in der Regel einmal jährlich eine Mitgliedsliste. Der Gebrauch ist nur den Mitgliedern gestattet. Eine Weitergabe an Dritte wäre ein dicker Fauxpas. Hinzu kommt oft ein Members-only-Bereich im Internet, der weitere Austauschmöglichkeiten bietet.

Als Kosten fallen Aufnahme- und Jahresgebühren an. Die machen 100 bis etwa 1 000 Euro pro Jahr aus, bei Eliteclubs muss oft deutlich mehr gezahlt werden, zum Beispiel ein gewisser Prozentsatz des Einkommens eines Mitglieds. Die Preise sind allerdings Geschmackssache beziehungsweise reine Rechenbeispiele. Wie überall im

Leben gilt auch hier: Wenn Ihnen der Nutzen, den Sie erzielen können, nicht reicht, sind selbst 100 Euro Jahresgebühr unter Umständen zu viel. Überlegen Sie also genau, ob sich ein Beitritt lohnt. Interessenten müssen sich proaktiv, das bedeutet aus sich selbst heraus engagiert zeigen, wenn sie Mitglied werden wollen. Nur selten werden aggressiv Mitglieder geworben. Ist dies doch einmal der Fall, sollten Sie sich Gedanken machen, warum der Club dies tut.

In vielen formellen Netzwerken können Sie jahrelang den Status des Dauerschnupperers behalten, das heißt, Sie gehen auf für Sie interessante Veranstaltungen, werden aber kein Mitglied. Bei anderen Netzwerken hingegen haben Sie damit keine Chance. Dort müssen Sie sich zum Beispiel mittels Interessentenformular als ernsthafter Interessent outen. Dann stehen Sie sechs Monate bis zu einem Jahr »unter Beobachtung«. Erst nach dieser Zeit können Sie eine Mitgliedschaft beantragen oder werden zur Mitgliedschaft gebeten. In den meisten Fällen sind neben den offiziellen Kriterien (Beruf, Alter oder Umsatz) die »weichen« Aufnahmekriterien entscheidend. Darunter fallen zum Beispiel Freundlichkeit, vornehme Zurückhaltung, Win-Win-Orientierung, Empfehlungen, Engagement, gute Kinderstube. Das heißt im Klartext: Gut gelaunte Netzwerker, die sich zu benehmen wissen und dem Club vielleicht sogar einen guten Sponsor besorgen, brauchen sich über ihre Mitgliedschaft keine Gedanken zu machen.

Die Netzwerkpyramide

Wie fast alles im Leben verläuft auch das Netzwerken über leicht bis schwer, von unten nach oben. Das bedeutet, Sie müssen sich hochdienen. Um in der Netzwerkpyramide aufzusteigen, können Sie zum Beispiel ein Amt übernehmen, Empfehlungen

Private
Business-Veranstaltungen

Exklusive Clubs

Berufsnetzwerke

Offene Netzwerke

© Monika Scheddin

aussprechen, Sponsoren beschaffen, Gefallen erweisen, Ihren Einfluss zum Wohl eines Anderen geltend machen, sich selbst einen Namen machen und sich einen Rang erarbeiten, der Sie für das Wunschnetzwerk attraktiv macht. Nur Mitglieder von Adel und Hochadel sind von Geburt an ganz oben »drin«.

Die Netzwerkpyramide: Je höher die Stufe, desto schwieriger der Zugang. Während in offenen Netzwerken noch jeder zugelassen wird, sind private Veranstaltungen nur auf persönliche Einladung hin zugänglich. Und: Je wichtiger, je mächtiger eine Person wird, desto geringer ist die Wahrscheinlichkeit, sie in den unteren Stufen der Pyramide in aller Öffentlichkeit anzutreffen. Schließlich suchen auch eine Bundeskanzlerin, ein Fernsehstar oder der Wirtschaftspromi Anschluss zu Gleichgesinnten, um ihre Probleme zu besprechen, von Gleichrangigen verstanden zu werden oder auch nur, um sich gehen zu lassen, ohne ein Bild davon in der gleichnamigen Zeitung wiederzufinden.

So netzwerken Promis

Das Zauberwort der Promis ist »Visibility«. Ganz gleich, ob es sich um Größen aus Wirtschaft, Politik, Kunst, Kultur, Mode oder Unterhaltung handelt – dabei sein ist alles. Und man trifft sich in seiner Szene bei den verschiedensten Anlässen immer wieder. Branchentreffs oder Preisverleihungen zeigen deutlich, wer drin oder in ist. Wer eine Einladung bekommen hat, geht tunlichst hin. Wer sich nicht blicken lässt, den könnte das Gerücht verfolgen, gar nicht eingeladen worden zu sein. Promitreffs fordern volle Professionalität der Teilnehmer. Hier kann jeder zeigen: »Ich bin wichtig, weil eingeladen.« Außerdem bin ich fit, schön, schlank, jung, frisch, saugut drauf, noch immer nicht ergraut oder habe eine neue junge Braut. Und wehe, wer sich abwesend in der berühmten Nase bohrt. Das steht sofort in der nächsten »Bunten«. Bekannt sein ist anstrengend, mit Spaß hat das nicht viel zu tun. In der Öffentlichkeit wird der Publikumsmensch gezeigt, und der ist gerecht, tolerant, diskret, höflich, freundlich. Soweit es geht. Versteht sich von selbst, dass man beim Netzwerken gern unter sich bleibt. Jeder in seiner Liga.

Aufsichtsrats-Netzwerke

Beschäftigen wir uns mit deutschen Topmanagern, so stoßen wir schnell auf Aufsichtsrats-Netzwerke. In den Kontrollgremien der großen deutschen Unternehmen sitzen oft dieselben Männer. Karl-Hermann Baumann, Ex-Finanzchef von Siemens (auch als Oberaufseher der Deutschland AG bezeichnet) war nicht nur bei seinem alten Arbeitgeber Siemens Aufsichtsratschef, sondern auch noch bei E.ON, Linde und ThyssenKrupp im Aufsichtsrat. Klaus Zumwinkel, Vorstand der Deutschen Post, hatte Aufsichtsratsmandate bei Allianz, Lufthansa und Morgan Stanley, Werner Wenning ist heute Mitglied des Aufsichtsrat von Siemens und Aufsichtsratschef von Bayer und E.ON. Und Gerhard Cromme ist nicht nur Ausichtsratchef von ThyssenKrupp sondern auch Mitglied der Ausichtsräte von Siemens, Allianz SE, Lufthansa, E.ON, Axel Springer AG, BNP Paribas und Suez S.A. Christine Bortenländer, Geschäftsführende Vorständin des Deutschen Aktieninstituts e.V., war von 2000 bis 2012 Vorstand der Bayerischen Börse AG und Geschäftsführerin der Börse München. Sie ist nicht nur Mitglied des Frauenbeirats der HypoVereinsbank, sondern unter anderem auch Mitglied der Aufsichtsräte der ERGO Versicherungsgruppe, der SGL Carbon SE und des TÜV Süd. Und das sind nur einige Beispiele. Achten Sie mal drauf: Die meisten mächtigen Männer und (wenigen) Frauen tauchen immer wieder auf, wenn es um das Thema Aufsichtsrats-Netzwerke geht.

Verbands-Netzwerke

Insbesondere der Bundesverband der Deutschen Industrie und der Stifterverband für die Deutsche Wissenschaft sind für Top-Leute relevant. Die jeweiligen Jahrestagungen eignen sich ideal als Kontaktbörsen. Doch kaum jemand ergreift die Gelegenheit beim Schopfe, die (Wirtschafts-)Prominenz auf diesem Parkett anzusprechen. Man kommt erst gar nicht auf die Idee oder hat Angst, sich zu blamieren. Doch auch öffentliche Personen sind nur Menschen und freuen sich über ein freundliches Feedback zu ihrem Vortrag oder dem neuen Marktauftritt.

Kontakte knüpfen bei großen Veranstaltungen

»Tagungen und Kongresse nutze ich ganz bewusst, um Präsenz zu zeigen, Smalltalk zu üben und Aufhänger für anschließendes Networking zu gewinnen«, so Dr. Uwe S., 37 Jahre, CEO einer IT-Firma. »Ich studiere das Programm schon Tage vorher ganz genau und plane, welchen Rednern ich unbedingt zuhöre, welchen vielleicht und welchen nur dann, wenn ich mich total langweilen sollte. Hier und da recherchiere ich vorab im Internet, zum Beispiel bei einem spannenden Vortragtitel, dessen Redner ich nicht kenne.

Bei der Veranstaltung selbst mache ich mir Notizen. Spätestens 14 Tage nach dem Kongress nehme ich zu den für mich wichtigen Menschen Kontakt auf, indem ich ihnen eine E-Mail schicke und mich für den interessanten Vortrag bedanke. Oder ich bitte per Brief um ein kurzes Interview beim Mittagessen. Ich habe auch schon einmal eine Bewerbung geschrieben und unter P. S. erwähnt, dass ich die Person X bei einer Podiumsdiskussion erlebt habe und mir die Beschreibung der Firmenkultur sehr imponierte. Oder ich lasse mir ein Buch signieren. Wichtig bei den ganzen Aktionen ist mir, dass ich dabei echt bleibe, also nicht schleime. Dass ich stets aus Überzeugung handle. Die Bilanz dieser Aktivitäten ist sehr positiv und hat mir letztendlich meinen jetzigen Posten beschert. Auch wenn ich das eine oder andere Mal eine Absage für einen Interviewwunsch bekommen oder des Öfteren mal nichts gehört habe. Damit muss man rechnen.«

Sportevents

Sport soll ja gesund sein. Was liegt da also näher, als das Nützliche mit dem Angenehmen zu verbinden: Sport treiben und dabei Beziehungen vertiefen. Und so treffen sich unsere Wirtschaftspromis zum Beispiel beim Bergsteigen. Etwa der Similaun-Kreis (benannt nach einem österreichischen Gipfel), eine Bergsteiger-Seilschaft von Topmanagern, die vor circa 15 Jahren von Herbert Henzler, Ex-McKinsey-Chef, gegründet wurde. Er hatte die Idee gemeinsam mit dem Extrembergsteiger Reinhold Messner entwickelt. Hier handelt es sich um einen geschlossenen Kreis, zu dem unter anderem Verleger Hubert Burda, Post-Chef Klaus Zumwinkel, Ulrich Cartellieri (Deutsche Bank), Jürgen Schrempp (Daimler), Wolfgang Reitzle (Linde AG), Jürgen Weber (Lufthansa) und Adolf Merkle (Ratiopharm) gehören. Bis zum frühen Nachmittag kraxelt man gemeinsam auf die Berge. Anschließend werden bis in die Nacht hinein Gespräche geführt.

Ein weiteres sportliches Event ist das VIP-Skirennen in Kitzbühel. Hier trifft man im Grunde wieder die gleiche Bande wie im Similaun-Kreis: die Herren Zumwinkel, Burda, Weber, Henzler, Cartellieri. Außerdem beteiligt: Ehemaliger Focus-Chef Helmut Markwort und Burda-Gattin Maria Furtwängler. Aber die startet natürlich in der Damenriege. Gern trifft man sich auch beim Doppelgolfturnier von Pula und Canyamel auf Mallorca. Es findet an drei Tagen im Januar, von Donnerstag bis Samstag, statt. Der Sonntag bleibt heilig. Auch die Online-Plattform Xing mischt da mit. Deren Mitglieder netzwerken munter beim Golfen, Radfahren oder »Netwalking«

(= Netzwerkspaziergang) und haben kleine Unternetzwerke gebildet. Die technischen Möglichkeiten erlauben größte Transparenz: Sofort weiß man, wer sich bereits angemeldet hat, und kann das Wissen direkt nutzen.

Private Einladungen

Tatort: Zuffenhausen. Tatzeit: 28. August 2002. Was geschieht? Der damalige Porsche-Chef Wendelin Wiedeking wird fünfzig. Komplizen neben vielen Anderen: Jürgen Schrempp, Dieter Hundt, Hermann Scholl, Jürgen Weber, Ferdinand Piech. Auch Ex-Bundeskanzler Schröder lässt sich blicken. Aber nicht nur Mr. Porsche spielt den Gastgeber. Auch die anderen Mächtigen lassen sich nicht lumpen: Hubert Burda lädt zum Kamingespräch ins Hotel Belvedere, Herr Schrempp bittet zum Hüttenabend in Davos und Hans-Olaf Henkel lädt Politiker, Manager und Wissenschaftler zum »Abendbrot« in seine Berliner Stadtwohnung ein.

Preisverleihungen

Eine große Zahl an Preisen wird in jedem Jahr an Bekannte und an Menschen, die sich irgendwie verdient gemacht haben, verliehen: Literaturpreise, Nobelpreise, Goldene Kameras, Oscars, Echos, der Fairnesspreis und andere. Zu diesen Anlässen trifft sich die Branche, um sich selbst im Kreise Gleichgesinnter tüchtig zu feiern. Und um das Netzwerk zu vertiefen. Wer sich regelmäßig blicken lässt, an den erinnert man sich eher. Und der landet dann auch eher auf der Besetzungsliste. Regelmäßig im Mai findet sich zum Beispiel die deutsche Wirtschaftselite zum Event »Hall of Fame« ein, der vom »Manager Magazin« im Schlosshotel Kronberg veranstaltet wird. Rund 200 Gäste sind eingeladen und vertiefen ihre Beziehungen beim Empfang oder beim eleganten Dinner.

Charity-Veranstaltungen

Hier kommen eher die ehrenamtlich tätigen Gattinen zum Zuge. Wer in unserer Gesellschaft etwas auf sich hält, ermutigt die Partnerin, ihr Scherflein zum Image beizutragen. Viele alte und neue Stiftungen für unterschiedliche Krankheiten, Vereine für Arme, Obdachlose, Aktionen, die auf Kriegsschauplätze und sonstige Katastrophengebiete aufmerksam machen, und so weiter und so fort. Es wird sehr viel Geld gebraucht, um die Zustände auf der Welt zu verbessern. Schön, wenn sich jemand dafür engagiert. Charity-Veranstaltungen bringen Geld für die, die es dringend brauchen. Sie bringen auch Presse für die Organisatoren und die Spender und bieten darüber hinaus einen guten Anlass, um Beziehungen aufzumöbeln. Und wenn's dann noch dem Gewissen dient ...

Prominente Mitgliedschaften

Eine besondere Ehre erfährt, wer zum Mitglied des »Club of Rome« ernannt wird. Hier tauschen Wissenschaftler, Unternehmer, internationale Politiker und ehemalige Staatsoberhäupter ihre Kenntnisse und Erfahrungen aus, »um zu einem tieferen Verständnis der Welt zu kommen«. In der aktiven Mitgliedsliste stößt man nicht auf viele deutsche Mitglieder; derzeit sind es sechs. Darunter Klaus Steilmann, der Bekleidungsfabrikant aus Bochum-Wattenscheid, Hans-Peter Dürr, früherer Direktor des Werner-Heisenberg-Instituts für Physik in München, Franz Josef Radermacher, BWA Deutschland oder auch Liz Mohn für die Bertelsmann Foundation.

Zitierst du mich, zitier ich dich

Auch dies ist eine ganz schön schlaue Methode: Ob Rede, Interview oder Buch – wer zitiert wird, bekommt einen extra Auftritt. Wer zitiert, verschafft sich Gefallen. Gegenseitige Absprachen sind normal. Wer sich auf »meinen Freund, den Herrn Minister Höppeldipöpp« beziehen kann, gewinnt bei dem einen oder anderen an Ansehen.

Wie der Stein die Dinge ins Rollen bringt

Thomas M. Stein ist der wohl bekannteste Manager der deutschen Musikbranche. Vielen Musik- und Showgrößen hat er zum Erfolg verholfen, so Peter Maffay, Alicia Keyes, Falco oder SNAP. Als Jury-Mitglied ist Thomas M. Stein mit dem Nickname »Onkel Stein« in »Deutschland sucht den Superstar« einem breiten Publikum bekannt geworden. Prominenz schafft Netzwerkattraktivität und damit gute Kontakte, die man für große Ziele einsetzen kann. So scheut sich Stein aktuell nicht, nach der Pleite des Opernballs Frankfurt Alte Oper einen effektvollen Neustart zu initiieren.

Je prominenter eine Person ist, desto mehr kann sie erwarten, dass sie nicht selbst Dinge anschieben muss, sondern dass andere auf sie zu kommen. Das kann man bei Thomas M. Stein gut beobachten. Als der Frankfurter Opernball nach einer glamourösen Epoche 2012 pleite machte, entschloss sich Stein, es zu richten. Er modernisierte das Konzept und schaute in sein Notizbuch: welche Musiker, Dirigenten, Opernsänger oder Rapper kenne ich, die passen könnten? Dazu gehören nun Euro Dance-Begründer Michael Münzing oder Marc Marshall, Sohn von Schlagersänger Tony Marshall und Gründer des »Mr. M's Jazz Club«. Eine passende Kooperation bringt am Ende jedem etwas: »Über den Vorstandsvorsitzenden des Glasherstellers Ritzenhoff, für den ich eine Marketing-Aktion mit Otto Waalkes mache, hoffe ich nun, Otto für den Opernball zu gewinnen.« Und Thomas M. Stein nutzt seinen Status zudem, um Gutes zu tun. Das macht ihn zufrieden, denn er besitzt eine ausgeprägte menschliche Ader. Und auf jeder Benefiz-Veranstaltung trifft man wieder interessante andere Ermöglicher, die anschließend die Datenbank bereichern.

Im Grunde sind es immer die Verbindungen mit Menschen,
die dem Leben seinen Wert geben.

Wilhem von Humboldt

Das Grußwort

Wenn ein Nobelpreisträger für Literatur das Vorwort zu einem bescheidenen Erstlingswerk formuliert, bekommt das ganze Opus eine gewichtige Startposition. Genau das Gleiche gilt für Veranstaltungen. Das prominente Grußwort im Programm hat in etwa die gleiche Funktion wie ein TÜV-Stempel oder eine positive Bewertung durch die Stiftung Warentest.

Beispiele prominenter Netzwerker

Ein richtiger Powernetzwerker ist Herbert Henzler (Ex-Chef von McKinsey). Er ist Mitglied bei der Absolventenvereinigung der US-Universität Berkeley, bei den Rotariern, engagiert sich im Wirtschaftsbeirat des FC Bayern München, trifft Franz Beckenbauer zuweilen in Kitzbühel, schreibt Bücher mit Lothar Späth, führte schon ein Vier-Augen-Gespräch mit Stoiber, ist Anführer des Similaun-Bergsteiger-Kreises, eng mit Daimler-Schrempp und Lufthansa-Weber befreundet und zurzeit tätig als Vice-Chairman bei der Credit Suisse Group mit Büro in München. Darüber hinaus ist er Honorarprofessor für Strategie und Organisationsberatung an der Ludwig-Maximilians-Universität München.

Gut für Extravaganzer ist Hans-Olaf Henkel. Hat er doch einen Ruf als Quer- und Vordenker und Agendasetter der deutschen Wirtschaft zu verteidigen. Als Ex-BDI-Vizepräsident liegt ihm die Adressliste der Managerelite vor. Seinen Intellekt beweist er als Präsident der Wissensgemeinschaft Gottfried Wilhelm Leibnitz. Auch bei privaten Einladungen kommen Politiker, Manager und Wissenschaftler zu Henkel. Und dass er Profil hat, zeigt er der ganzen Nation auch gerne in der einen oder anderen Talkshow.

Rolf Ernst Breuer, ehemaliger Chef der Deutschen Bank, und Klaus Mangold, Aufsichtsratschef der TUI, verbinden die Mitgliedschaften in der CDU und bei Rotary. Mangold ist zudem Alter Herr des Weinheimer Corps Suevo-Guestphalia in München. Apropos Politik: »Wir haben es gern, wenn die Leute in die Politik gehen«, sagte Heinrich von Pierer, Ex-Vorstandsvorsitzender der Siemens AG. Er selbst scheiterte nur an einer Stimme, als es um ein CSU-Bundestagsmandat ging. Und der Vorstandsvorsitzende der Deutschen Telekom René Obermann ist Mitglied des BITKOM-Präsidiums, des Aufsichtsrats der E.ON AG und des Senats der Fraunhofer-Gesellschaft.

Heinrich Kürzeder
Auch bei Promis offen und authentisch

Mit bayerischem Charme vermittelt und vernetzt der Inhaber der Redneragentur 5 Sterne Redner prominente Sportler und Keynote Speaker wie Katarina Witt, Martin Tomczyk oder Thomas M. Stein. Auf dem Weg vom Skilehrer über den Vertriebler und Geschäftsleiter hat der begeisterte Skifahrer und Mountainbiker ein riesiges Netzwerk aufgebaut.

Leidenschaftlich und aktiv

Wer platt verkauft oder kontur- und tatenlos im Netz mitschwimmt, kommt bei keinem gut an. Er tut auch sich selbst nichts Gutes. Das beobachtet Heinrich Kürzeder immer wieder und rät: »Man muss sich öffnen und einbringen. Dann erst findet man die Leute, die wirklich zu einem passen. « Als langjähriges Mitglied der Wirtschaftsjunioren, unter anderem als bayerisch-schwäbischer Sprecher, hat Heinrich Kürzeder dies über zwanzig Jahre lang konsequent unter Beweis gestellt. Dies tut er auch in anderen Netzwerken, sei es bei HRnetworx, im Marketing Club, in politischen Parteien oder in der IHK. »Das hat sich, da wo es gepasst hat, ungeplant ergeben«, berichtet er: »Denn wenn du offen bist, kommen die Gelegenheiten auf dich zu!« Diese Erfahrung hat er auch bei der Kontaktaufnahme mit Prominenten gemacht: »Man spricht sie ganz offen und natürlich an. Es gibt nichts Besonderes zu beachten, außer dass man wissen sollte, was sie machen.«

Vom Netzwerker zum Ermöglicher

Ausschlagend für ein erfolgreiches Networking ist für Heinrich Kürzeder die Beziehungspflege: »Ich beantworte jede Mail, gehe viel auf Veranstaltungen und bringe mich aktiv ein. Obwohl ich mir bei einem Unfall die Hand verletzt habe, schreibe ich den einzelnen Rednern der Agentur zum Geburtstag einen handschriftlich Gruß und signalisiere damit: ich denke an dich, ich habe mir für dich Zeit genommen!« Selbstverständlich ist für ihn auch, dass er alle seine Redner auf eigene Kosten zur alljährlichen großen Weihnachtsfeier einlädt.

Gerne erinnert sich Heinrich Kürzeder an einen Netzwerkerfolg, den er als Mitglied von Round Table erlebt hat: Eines Tages rief ihn eine befreundete Journalistin an. Sie brauchte einen Prominenten, um einem Jungen in Russland zu helfen, der an der Schmetterlingskrankheit litt. Er war von einer Leihmutter ausgetragen worden und die Eltern wollten ihn wegen dieser Krankheit nicht. Und für die vielen Spezialverbände hat das Geld gefehlt. Der Zukunftsforscher Sven Gabor Janszky, den Kürzeder als Redner vermittelt und der ebenfalls Mitglied von Round Table ist, hat aus dieser Anfrage ein Round Table Service-Projekt gemacht, das eine Viertelmillion Euro eingebracht hat. Inzwischen lebt der Vierjährige bei Pflegeeltern in den USA und es geht ihm sichtlich besser. »Das zeigt, wie Networking wirken kann«, berichtet Heinrich Kürzeder strahlend.

Aus Fehlern lernen

Jungen Netzwerkern empfiehlt er das »SNS-Prinzip«: Scheitern – Neustart – Schnell. »Wenn man eine Abfuhr erhält, mit einem totalen Reset runterfahren, um nicht automatisch die gleichen Erfahrungen zu wiederholen. Und sich dann zu überlegen, was beim nächsten Mal besser zu machen ist. Konkret und offen bei sich anfangen und, ganz wichtig, sofort weitermachen!«

Und was ist mit Ihnen?

Erinnern Sie sich an den Anfang des Buchs? Was fördert Ihre Karriere? Wissen zu zehn Prozent, Selbstdarstellung zu 30 Prozent und Beziehungen zu 60 Prozent! Wenn diese Prozentzahlen anfangs stark übertrieben schienen, so bekommen sie spätestens jetzt mehr Glaubwürdigkeit. Allein seine Arbeit zu tun, bringt nicht weiter. Man muss sich auch regelmäßig dort tummeln, wo die Post abgeht. Jedem, der

Kontakt zu Menschen geringschätzt oder einfach nicht mag, sei geraten, diese Einstellung zu ändern. Und noch etwas: Wer noch nicht Ski fährt, wandert, bergsteigt, Tennis oder Golf spielt, klassische Musik hört, ins Theater geht, tanzen kann, mache dringend einen Kurs oder fange damit an.

Sehr häufig höre ich Sätze wie »Ich finde, Golf ist etwas für Rentner« oder »Ich spiele doch nicht Golf, nur weil es alle tun«. Ähnliche Argumente gibt es auch bei den anderen aufgeführten Tätigkeiten. Sicher, Authentizität ist wichtig und richtig. Keiner sollte dauerhaft etwas tun, das ihm zutiefst zuwider ist. Aber es geht auch darum, sich Chancen zu erarbeiten. Oder zumindest nicht zu verbauen. Wenn jemand an einem geschäftlich interessanten Golfturnier nicht teilnimmt, weil er diesen Termin einfach nicht wahrnehmen will, ist das eine Sache. Aber nicht teilzunehmen, weil man nicht Golf spielen kann, heißt, eine Chance zu vergeben. Vergessen Sie nicht: Wer bei den Großen mitspielen will, muss deren Spielregeln kennen. Und sich daran halten.

Ziele definieren:
Was will ich mit Netzwerken erreichen?

Bevor Sie nun in Sachen Netzwerk beginnen, ist es sinnvoll, dass Sie sich ein paar Gedanken über Ihre diesbezüglichen Ziele und Erwartungen machen. Kluge Vorbereitung hilft Ihnen, Zeit zu sparen, Enttäuschungen vorzubeugen und das passende Netzwerk zu finden.

Die Praxis zeigt (bestätigt durch eine Studie des Gallup-Instituts): Hierzulande engagieren sich nur 15 Prozent der Angestellten ernsthaft in ihrem Beruf. Alle anderen machen Dienst nach Vorschrift. Aber die lesen in ihrer Freizeit auch keine Sachbücher über Networking. Allen Erfolgreichen gemeinsam ist ein klares Ziel. Die Fähigkeit, visionär denken zu können und gleichzeitig herausfordernde, aber realistische Etappenziele zu verfolgen, steht dabei ganz vorn. Erinnern Sie sich noch an Gerhard Schröders schlagzeilenträchtigen Auftritt am Zaun des Bundeskanzleramts im Jahr 1982? Er rüttelte von außen an den Gitterstäben und brüllte dabei: »Ich will hier rein!« Wenn er seine Vision nicht so klar formuliert hätte, wäre er vermutlich niemals Bundeskanzler geworden.

Finden Sie heraus, was Sie wirklich wollen

Du kannst alles lernen, was du brauchst,
um jedes Ziel zu erreichen,
das du dir selbst setzen kannst.
Brian Tracey, Thinking Big

Er tut uns gute Dienste – manchmal steht er uns jedoch im Weg: unser Denkapparat, der Kopf, die kleinen grauen Zellen. Weil er uns manchmal die Ziele des Nachbarn, der Kollegin oder des Chefs als eigene Ziele vorgaukelt. Wer sich auf seine ureigenen Ziele konzentrieren will, schaltet für einen Moment den Kopf aus und das Bauchhirn ein. Fertig? Kopf ausgeschaltet? Dann geht es los mit der Übung.

Übung: Traum-Brainstorming

Stellen Sie sich einmal vor, Sie könnten sich Ihr Leben frei nach Wunsch zimmern. Ihre Träume und Visionen ließen sich erfüllen. Es gäbe keine Grenzen. Wer würden Sie sein? Was würden Sie haben? Was würden Sie tun? Nach einer kurzen Reise nach innen beginnen Sie damit, das, was Sie gesehen, gefühlt oder gehört haben, aufzuschreiben. Schreiben Sie zehn Minuten durch, ohne den Stift abzusetzen. Kürzen Sie ab und schreiben Sie so schnell wie möglich, so viel wie möglich. Nach zehn Minuten tun Sie einfach so, als wären diese Träume oder Wünsche tatsächlich Ziele. Gehen Sie Ihre Aufzeichnungen durch und versehen Sie die einzelnen Ziele schnell entschlossen mit Jahreszahlen. Mit den Terminen, an denen aus Ihren Zielen Realitäten werden sollen. Dann sortieren Sie Ihre Vorhaben in Zeitebenen ein. Die Idealverteilung sieht so aus:

Plus ein Jahr   = kurzfristig, 30 Prozent der Gesamtziele
Plus vier Jahre = mittelfristig, 60 Prozent der Gesamtziele
Ab fünf Jahre   = langfristig, 10 Prozent der Gesamtziele

Achten Sie darauf, dass Sie alle Zeitebenen ausgewogen bedienen. Wenn Sie sich nur im kurzfristigen Bereich befinden, haben Sie eher Aktionspläne als Ziele. Damit decken Sie den reaktiven Bereich ab. Wenn Sie sich nur im mittelfristigen Bereich einsortiert haben, fehlen Ihnen vorbereitende Ziele der Kategorie »erste Schritte«. Wenn Sie sich mehr für den langfristigen Bereich interessieren, könnte es sein, dass Sie von Ihren Ideen und Wünschen schon vor der Umsetzung gelangweilt sind. Haben Sie hingegen keine langfristigen Ziele zu verzeichnen, fehlt Ihnen die Orientierung für die mittel- und kurzfristigen Etappenziele.

Definieren Sie Ihre Ziele

Sich Ziele zu setzen, erscheint theoretisch so einfach. Warum nur schaffen wir es dennoch nicht oder nur so schwer, das Rauchen aufzugeben, mehr Sport zu treiben, nicht mehr so viel oder so fett zu essen, weniger fernzusehen, mehr zu lesen oder uns nicht mehr so oft aufzuregen? Wohl deshalb, weil das Ziel in der Zukunft liegt. Doch den Nutzen, den mir der alte Zustand bietet, habe ich sofort. Jetzt. So scheint es zumindest. Ziele sind allerdings auch in der Praxis einfach umzusetzen. Es müssen nur die für uns richtigen Ziele sein, sodass wir die Vorfreude als sofortigen Nutzen und damit als Motivation erfahren und begreifen können. Wenn Sie Ihre Ziele richtig formulieren, können Sie sie als konkrete Handlungsanweisungen verstehen. Wer etwa auf die Idee käme, beim Otto-Versand anzurufen und »mehr T-Shirts« zu bestellen, dürfte lange auf eine Lieferung warten. Um das Beispiel weiterzuführen: In solchen Fällen sind konkrete Aussagen erforderlich. Um welchen Artikel, in welcher Farbe, in welcher Größe geht es und wann soll er geliefert werden? Innerhalb von sieben Tagen oder innerhalb von 24 Stunden? Und genau das gilt auch für Sie, wenn Sie Ihre Ziele definieren.

Das hilft Ihnen bei der Zielerreichung

- Eigeninitiative. Abwarten und Tee trinken funktioniert nicht, kein anderer Mensch wird jemals dafür sorgen, dass wir unsere Ziele erreichen.
- Das richtige Ziel. Es muss für Sie persönlich tatsächlich attraktiv und motivierend sein. Der zukünftige Nutzen, das Ziel zu erreichen (zum Beispiel als einer von jährlich zwanzig Neumitgliedern in den Tönissteiner Führungskräftekreis aufgenommen zu werden), muss mehr wert sein als der derzeitige Nutzen, im alten Zustand zu verharren (zum Beispiel nicht mit wildfremden Menschen parlieren zu müssen oder ausgiebig das Nachtleben zu genießen).
- Konsequenzen einschätzen. Hand aufs Herz: Sind Sie bereit, die Folgen zu tragen, die mit der Zielerreichung verbunden sind? Wenn ein zweijähriger Auslandsaufenthalt für das Erreichen Ihres Zieles nötig wäre, hätte dies Auswirkungen auf Beziehung, Freunde und Familie. Oder wenn Sie viele Abende auf Netzwerkveranstaltungen damit verbringen müssten, Menschen anzusprechen und Smalltalk zu lernen. Dies würde von Ihnen verlangen, Ihre Schüchternheit zu überwinden.
- Sinne schärfen. Nehmen Sie sowohl Details als auch das große Ganze wahr. Nur so kann eine kurz-, mittel- und langfristige Planung erfolgen und verfolgt werden.
- Spaß. Den brauchen Sie für Ihren Weg zum Ziel als auch für Ihren Erfolg. Wenn Sie den Spaß an der Sache verlieren, wird einerseits die Motivation geringer, andererseits das Durchhalten enorm schwierig.
- Disziplin. Durchhalten heißt die Parole.

Ziele-Checkliste

Damit Sie ein Ziel erreichen können, muss es bestimmte Kriterien erfüllen. Dies gilt auch, wenn Sie Ihre Ziele in Bezug auf das Netzwerken festlegen.

- Formulieren Sie Ihre Ziele positiv.
- Definieren Sie Ihre Ziele präzise.
- Beschreiben Sie Ihre Ziele als eigene Aktivität.
- Stellen Sie sich bildlich vor, was Sie erreichen wollen.
- Bleiben Sie bei Ihren Einschätzungen selbstkritisch.
- Setzen Sie sich feste Termine.

Ein erreichbares Ziel wird positiv formuliert (»Ich möchte nicht länger in der Masse untergehen« ist kein Ziel, aber ein guter erster Schritt, wenn Sie formulieren, was Sie stattdessen wollen). Ziele werden erst dann zu echten Handlungsanweisungen, wenn sie konkret und präzise sind. Damit ist auch »Ich möchte viel Geld verdienen« kein Ziel, weil nicht definiert wurde: Was genau heißt das in Euro für mich? Und wann verdiene ich die gewünschte Summe? Legen Sie Monat und Jahr fest, bis wann Sie dies erreicht haben wollen.

»Ich will, dass man mir endlich größere Projekte gibt« ist ebenso kein Ziel, weil jemand anderes etwas dafür tun muss, damit Sie Ihre Ziele erreichen. Beschreiben Sie Ihr Ziel als eigene Aktivität und definieren Sie genau, welches das Projekt Ihrer Begierde ist. Schreiben Sie dann auf, was genau Sie tun müssen, um sich die Projektleitung zu holen. Bildlich vorstellbar ist zum Beispiel das Ziel »Ich bin am 2. Januar 20xx im Stande, brillante Reden vor 150 Managern zu halten«. Sie können sich bereits in dieser Rolle sehen, die Lacher auf Ihre Pointen hören, den Erfolg schmecken, die Situation genießen und sich bei dem Gedanken daran richtig gut fühlen.

Bleiben Sie in Ihrer Einschätzung kritisch. Das bedeutet, herausfordernde, für Ihre derzeitige Perspektive vielleicht größenwahnsinnig erscheinende Fernziele zu definieren, aber auch moderate, nicht zu große und nicht zu kleine Etappenziele ins Auge zu fassen. Wer sich auf die eigenen Stärken konzentrieren kann, weil er für Unstärken entsprechend vorgesorgt hat, ist früher am Ziel. Vielleicht erkennen Sie schon heute Ihr Potenzial für den Posten eines Vorstandmitglieds bei einem DAX-30-Unternehmen. Das ist definitiv ein herausforderndes Ziel. Etappenziele nach dem Studium könnten sein: konstante Pflege der Alumni-Club-Kontakte, zwei Jahre Ausland, Fortbildungen fachlich und persönlich, die erste Führungsposition erreichen,

Eintritt in den Fachverband, Jobwechsel, Aufstieg, Jobwechsel, Aufstieg, Teilnahme an den Baden-Badener Unternehmergesprächen.

Wichtig ist es zudem, bereits im Vorfeld festzulegen, wann ein Ziel erreicht sein soll und anhand welcher Kriterien sich dies überprüfen lässt. Feste Termine mobilisieren wesentlich kraftvoller als Unverbindlichkeiten wie »Nächstes Jahr, wenn nichts dazwischen kommt ...«. In diesem Beispiel könnte das herausfordernde Ziel sein: »An meinem 49. Geburtstag, also am 10.10.202x, bin ich Vorstandsmitglied eines DAX-30-Unternehmens.«

Ein Gipfelkreuz signalisiert deutlich, dass man am höchsten Punkt des Berges angelangt ist. Auch für Ihre Ziele sollten Sie ein solches Zeichen definieren: »Woran erkenne ich, dass ich mein Ziel erreicht habe?« Sie laufen ansonsten Gefahr, nie mit sich selbst zufrieden zu sein, weil Sie nicht merken, dass Sie ein Ziel bereits erreicht haben. In dem genannten Beispiel könnte die vorweggenommene Erfolgsvision so aussehen: Sie arbeiten in einem multikulturellen, weltweit agierenden Unternehmen, selbstverständlich in einem eigenen modern-repräsentativen Büro in einem Frankfurter Hochhaus. Die Stimmung ist gut, die Mitarbeiter sind energiegeladen und haben Freude am Arbeiten. Ihr schneller Mercedesflitzer parkt in der Tiefgarage. Mit Budgetverantwortung von mehr als einer Milliarde Euro und x Mitarbeitern lässt es sich frei und eigenverantwortlich schalten und walten. Gerade hat die Wirtschaftszeitschrift »brand eins« ein ganzseitiges Porträt über Sie gebracht. Sie sind regelmäßig zu Gast bei Anne Will (wenn es die dann noch gibt), verdienen drei Millionen Euro im Jahr, sind fit und vital, Ihr Privatleben ist harmonisch. Und Sie gönnen sich gerade ein Päuschen, genießen die herrliche Aussicht bei einem Glas Champagner und erfreuen sich Ihres Lebens.

So erreichen Sie Ihre Ziele

Im Prinzip ist das Erreichen wohlformulierter Ziele simpel. Bei allen Schritten können Sie sich unterstützen lassen. Wer sich nur schwer entscheiden kann (typisch für Kreative), sucht sich entscheidungsfreudige Helfer. Wem bei der Umsetzung ein regelmäßiger Tritt in den Hintern gut tut, der erteilt einen entsprechenden Auftrag. Wer von Ideenlosigkeit geplagt ist (typisch für schnelle Macher), der treffe sich mit verrückten, skurrilen Typen, schildere den Sachverhalt und höre ab dann nur noch zu. Wie und was für Sie machbar ist, das wissen Sie dann schon selbst. Regelmäßig erfahre ich in der Praxis, dass meine Kunden ganz genau wissen, wer in ihrem Umfeld einen solchen Job gerne übernehmen würde.

Checkliste Zielrichtung

- Entscheiden Sie sich für ein Ziel.
- Überprüfen Sie Ihr Ziel anhand der Checkliste (Seite 49).
- Besorgen Sie sich die Mittel, die Sie benötigen, und setzen Sie alle Hebel in Bewegung.
- Nehmen Sie dabei Unterstützung an. Gehen Sie auch ungewöhnliche Wege. Lassen Sie sich auf der einen Seite nicht von Ihrem Ziel abbringen, bleiben Sie auf der anderen Seite offen für Feedback und Kritik.
- Überprüfen Sie Ihre Fortschritte, korrigieren Sie den Kurs, wenn nötig. Verstärken Sie das, was funktioniert. Ändern Sie ab, was nicht funktioniert.
- Wenn Sie Ihr Ziel erreicht haben: Feiern und genießen Sie Ihren Erfolg.

Sobald Ihre Ziele klar sind – was nicht heißt, dass sie nicht korrigiert und angepasst werden –, passiert etwas ungeheuer Faszinierendes und Praktisches: Ihre Sinne stellen sich auf Empfang ein. Sie werden genau das wahrnehmen, was Sie bei der Verfolgung Ihrer Ziele unterstützen wird. Sie achten auf hilfreiche Hinweise und finden dabei genau die Informationen, die Sie noch brauchen, Sie treffen die richtigen Leute und Sie nutzen günstige Gelegenheiten.

Netzwerk-Ziele umsetzen

Nur wer ein klares Ziel hat, wird genau das wahrnehmen, was ihn bei der Erreichung seiner Ziele unterstützt. Mit einer gut durchdachten Planung, angelehnt an die Life-Coaching-Struktur, haben Sie ein hilfreiches Instrument in Händen, um Ihr Vorgehen beim Netzwerken zu planen. Die Life-Coaching-Struktur spiegelt eine ganzheitliche Sichtweise wider. Berufliche Ambitionen und private Wünsche finden gleichberechtigt statt.

Die Coaching-Struktur

3. Ressourcen
Ich brauche

2. Kompetenzen
Ich kann

1. Präferenzen + Ziele
Ich **will**

© Monika Scheddin

1. Schritt: Ich will

Planen Sie Ihr Netzwerkvorhaben ausgehend von Ihren ganz persönlichen Präferenzen und Zielen. Die Berücksichtigung der Präferenzen spielt eine immens große Rolle. Denn nur das, was Sie gerne tun, können Sie auch dauerhaft gut tun und somit erfolgreich sein. Es wird Ihnen nur schwer gelingen, auf lange Sicht Ihre wirklichen Präferenzen zu ignorieren. Der erste Schritt bestimmt, welche Tätigkeiten Sie gerne tun und wo Sie hinwollen. Ein langfristig machbares Modell ist immer ganzheitlich: Privat- und Berufsleben befinden sich in Balance. Hier das Beispiel eines jungen Anwalts, der sich vornimmt: »Ich will mir in meiner Branche einen Namen machen! Deshalb gründe ich ein Netzwerk, das mich sowohl bei potenziellen Mandanten als auch bei der Presse bekannt macht.«

2. Schritt: Ich kann

Machen Sie sich alle Kompetenzen bewusst. Alle. Alles, was Sie können. Und hier steht nicht, was Sie gut oder gar perfekt können. Und bitte denken Sie auch an die Kompetenzen, die Sie für lapidar halten, die »doch jeder kann«. Denkfehler. Denn nicht jeder kann zum Beispiel zuhören, telefonieren, überzeugen, lachen, sich selbst auf die Schippe nehmen, Fünfe gerade sein lassen, motivieren, Reden halten, sich konzentrieren, Witze erzählen, einen Artikel schreiben, eine Website programmieren, einen Trauerbrief formulieren, fremde Menschen ansprechen, weinen, über Gefühle sprechen, fotografieren, entscheiden, Chancen erkennen, mit Reklamationen umgehen, Angebote machen oder sich vermarkten.

So bewundert der Gärtner vielleicht den Manager dafür, dass er stundenlang in Meetings sitzen kann, Videokonferenzen kennt, viele Fremdwörter nutzt und versteht, sich auf internationalen Flughäfen souverän bewegen kann und sowohl fließend Englisch als auch Italienisch spricht. Und mag sein, dass der eine oder andere Manager gerne die Muskeln des Gärtners hätte, auch die lateinischen Namen der verschiedenen Blumen, Bäume und Gräser kennen sowie sicher mit Werkzeugen hantieren und ein handwerkliches Geschick beweisen würde. Die meisten von uns halten eigene Fähigkeiten für selbstverständlich und unterschätzen ihren Wert. Auch unser junger Anwalt kann eine ganze Menge. Als besonders wichtig für seine Netzwerkidee erscheint seine Angabe »Ich kann organisieren, motivieren, auf Menschen zugehen und Sponsoren akquirieren«.

3. Schritt: Ich brauche

Wenn Sie wissen, was Sie wollen und was Sie können, ist es leichter (ich habe nicht versprochen: leicht) zu definieren, was Sie noch brauchen, um Ihr Ziel zu erreichen. Sie erhalten eine Art mentalen Einkaufszettel, der Ihnen dabei helfen wird, die ersten Schritte zu tun. Vergessen Sie dabei auch nicht, dass es möglich ist, noch fehlende Kompetenzen zu erlernen. Unser Anwalt hat seine Bedarfsliste erstellt: »Ich brauche eine gute Strategie, jemanden, der mir bei der Kalkulation hilft, einen Mentor, um von seinen Beziehungen zu profitieren, ein Rhetorik-Training, jemanden, der Ideen fürs Programm hat, ich brauche Räumlichkeiten ...«

Alternativen schaffen

Werden Sie in Sachen Ziele zum Detektiv in eigener Sache: Fragen Sie sich nicht, *ob* Sie Ihr Ziel erreichen werden. Die einzig konstruktiven Fragen sind: *Wie* erreiche ich mein Ziel? Und *wann* erreiche ich mein Ziel? Alles, was fremd und neu ist, erscheint schwierig. Doch wenn Sie das für Sie richtige Ziel verfolgen, wird es Ihnen leicht fallen. Sorgen Sie aber auch dafür, dass Sie mindestens zwei andere Ziele haben. Bauen Sie niemals auf nur eine Möglichkeit. Denn dann sind Sie erpressbar, nicht souverän und mit Sicherheit nicht Herr der Lage. Bei zwei Wegen haben Sie schon eine Wahl, stecken aber unter Umständen schnell in einer ausweglosen Pattsituation. Erst, wenn Sie drei Varianten formulieren können, haben Sie sich eine freie Auswahl geschaffen. Selbstverständlich ist es völlig in Ordnung, wenn Sie die meiste Kraft in Ihr Lieblingsziel stecken.

Suchen Sie sich Verbündete

Our best thoughts come from others!
Ralph Waldo Emerson

Suchen Sie sich Verbündete. Menschen in Ihrem beruflichen Umfeld, die vielleicht etwas weiter sind als Sie, die nicht zur Gruppe der Freunde, Kollegen oder Vorgesetzten gehören. Es sollten Ihnen wohlgesonnene, erfolgsorientierte Menschen sein, die Sie unterstützen, weil sie zu gegebener Zeit einen Nutzen von Ihnen zurückerwarten. So profitiert der eine vom anderen. Wenn Sie sich auf Ihre Präferenzen konzentrieren, heißt das auch, dass Sie nicht alles allein machen müssen. Schon gar nicht das, was Sie nicht gerne machen. Denn das Leben ist viel zu kurz, als dass wir es uns leisten könnten, zu viele Dinge zu tun, die wir zwar können, aber nicht gerne tun. »Optimalerweise bewegen wir uns zu 70 bis 80 Prozent im Präferenzbereich«, so das Fazit des Erfolgsmodells TMS® (steht für Team Management Systems nach Dick McCann und Charles Margerison). Die übrigen 20 bis 30 Prozent bewegen sich im Bereich der Kompetenzen oder im Neuen, Unbekannten. Bauen Sie sich daher ein Dienstleistungsnetzwerk auf und suchen Sie gezielt nach Menschen und Mitteln, die Ihnen das Leben erleichtern: einen Job-Coach, eine Innenarchitektin, einen Aquariumsäuberer, einen Gärtner, einen Computer-Spezialisten ... Sicher fällt Ihnen eine Gegenleistung ein, mit der Sie diese Helfer Ihrerseits unterstützen können.

Neue Kontakte aufbauen und die bestehenden nutzen

Wenn Sie wissen, wo Sie hinwollen und was Sie noch brauchen, ist nun ein günstiger Moment, um eine Bestandsaufnahme zu machen. Welche Kontakte haben Sie bereits, wen kennen Sie? Vermutlich denken Sie nun wie die meisten Menschen: keine. Oder: wenige, zumindest keine brauchbaren. Aber das ist so gut wie immer falsch. Und nachdem Sie ein wenig in Ihrem Gedächtnis gekramt haben, kommen Sie wahrscheinlich doch auf den einen oder anderen guten Kontakt. Eine wirksame Übung: Schauen Sie in Ihr Adressprogramm im PC und wühlen Sie in alten, vielfach ungenutzten Visitenkartenbüchern. Sie haben in der Regel viel mehr Kontakte als Sie meinen. Gehen Sie alle Namen durch und fragen Sie sich bei jedem einzelnen:

- Kann dieser Mensch mir helfen, meine Ziele zu verfolgen?
- Kennt er jemanden, der mir nützen könnte?
- Wie kann ich diesen Menschen für mich gewinnen?

Gehen Sie dann dazu über, vielversprechende Kontakte ganz konsequent aufzubauen und systematisch zu intensivieren: bei einem ausführlichen Telefonat, beim
Business-Breakfast, -Lunch oder -Dinner … und vielleicht sind Sie schon bald mit-
tendrin im Aufbau eines privaten Business-Netzwerks. Denn wenn Selbstdarstellung
und Beziehungen zusammen 90 Prozent der Karriereförderung ausmachen, ist es
logisch, dass Sie dem ab heute Priorität einräumen.

Tjalf Nienaber
Netzwerken muss sich rentieren

Seine 2002 gegründete Onlineplattform HRnetworx zählt heute mit über
35000 Newsletter-Empfängern zu einer der führenden HR Business-
Plattformen im Internet. Tjalf Nienaber war viele Jahre in leitenden Positionen in Human Resources, Social Media und Vertrieb unter anderem bei
der Deutschen Bank Gruppe, Scout24 und Management Circle tätig. Heute
verfügt der charismatische HR-Fachmann über ein großes Netzwerk zu
Entscheidern, Dienstleistern und Multiplikatoren und berät Unternehmen
vornehmlich bei Personal- und Vetriebsfragen über Social Media.

Den eigenen Nutzen im Auge behalten

Dass vor dem Nehmen erst das Geben steht, ist eine alte Netzwerkweisheit.
Tjalf Nienaber hat über die Jahre die Erfahrung gemacht, dass dabei oft die
eigenen Geschäftsziele aus dem Blickfeld geraten: »Beim Netzwerken besteht die Gefahr, in Schönheit zu sterben. Als Praktiker finde ich, dass es
am Ende des Tages nötig ist, Geld zu verdienen,. Wenn ein Netzwerk nicht
genug bringt, sollte man in ein anderes gehen.« Der versierte Netzwerker
rät daher, zügig die Situation zu klären: »Wer zwei bis drei Mal an einem
Netzwerk-Event teilgenommen hat, sollte den richtigen Zeitpunkt wählen,
um konkreter zu werden. Auch ich habe anfangs betont, wie wichtig es ist,
zu geben und zu investieren. Aber dies war für mich keine ›Win-Win-Situation‹, sodass ich sie für mich grundlegend geändert habe. Als Unternehmer
sollte man sich auf den Nutzen fokussieren.«

Konsequente Konzentration

Tjalf Nienaber benennt klar die Knackpunkte und Learnings des Netzwerkens:»IchhabeinXINGüber3 500Kontakte.Heuteüberprüfeichgrundsätzlich

jeden Kontakt, ob dieser auch eine geschäftliche Relevanz hat und frage, was wir füreinander tun können. Sonst würde ich in Kontakten ›ersaufen.‹« In Facebook ist er daher ganz anders vorgegangen: Die 200 Kontakte kennt er alle weitgehend persönlich und achtet darauf, jeden Tag eine Aktion zu machen. Die Grenzen von Business und Privat sind zwar schwimmend, dennoch postet er gezielt privat oder geschäftlich. An vorderster Stelle steht die Pflege bestehender Kontakte. Der erfahrene Netzwerk-Profi verbringt durchschnittlich eine Stunde am Tag mit der Pflege und dem Ausbau seines Online-Netzwerks. Hierzu reichen schon Kleinigkeiten, etwa eine Geburtstagsgratulation über XING oder eine Mail mit Content, auf den man sich später beziehen kann. »Eine Kundendatenbank hilft mir, den Überblick über meine Kontakte zu behalten. Inzwischen kontakte ich aber nur noch die Prominenteren, den Anderen gebe ich Content über meinen HR-Newsletter weiter.« Um ein Qualitätsnetzwerk zu pflegen, ist es darüber hinaus immer wieder sinnvoll, Kontaktanfragen abzulehnen, so Nienaber. Und damit die ganze Netzwerkinvestition sich auch lohnt, rät der Netzwerk-Experte, den Nachgang neuer Kontakte nicht zu vernachlässigen: »Viele investieren wie bei Messevorbereitungen sehr viel in Vorbereitungen. Vor Ort aber hapert es dann und vor allem in der Nachbereitung. Dadurch verpufft die ganze Investition.«

Online und Offline gezielt verbinden

In Online-Netzwerken lassen sich schnell neue Kontakte herstellen: »Man kann sich hier oft mehr geben als über Veranstaltungen, weil man in der transparenten Netzwelt viel genauer weiß, was jemand macht oder ihn interessiert«. Das ist aber nur die Basis, so die Überzeugung des Social Media Profis: »Online geht nur bis zu einem gewissen Grad, dann muss es persönlich werden, und wenn es nur ein Telefonat ist.« Diesen Austausch pflegt Tjalf Nienaber oft über Skypegespräche mit Kamera oder über Webinare: »Dann kann man sich auch mal persönlich treffen. Wichtig ist dabei aber immer, dass es Spaß bringt!« Wohin es weiter geht, ist für Tjalf Nienaber klar: »Obwohl bei Älteren eine Online-Müdigkeit aufkommt und auch Entscheider nicht alle online zu treffen sind, geht der Trend eindeutig zu Online-Netzwerken. Mit den jüngeren Generationen wird es facettenreicher, technischer und mobiler. Gerade Wartezeiten für Bahn oder Flugzeug nutze ich für das Netzwerken. Die Virtualität wird zunehmen, aber auch gleichzeitig mehr Treffen ermöglichen. Schon heute können sich die Leute via Messenger schneller finden und verabreden, von zehn bis zwanzig Leuten kommen am Ende acht zusammen.«

Ein Must: das eigene Netzwerk

Obwohl es schon viele Netzwerke gibt: ein eigenes zu gründen hat viele Vorteile: »Man ist der Hausherr, kann es auf seine Themen, Menschen und Ziele hin abstimmen. Vor allem nimmt man sein Netzwerk immer mit.« Mit HRnetworx hat Tjalf Nienaber 2002 sein eigenes Netzwerk ins Leben gerufen, in dem er gezielt Fachvorträge mit Networking kombinierte. Bei gesponserten Abendevents konnten sich die Teilnehmer austauschen und vernetzen. »Es hatte damals einen ganz anderen Charakter als die vorhandenen HR-Netzwerke, es war frischer, lebendiger und innovativer. Ich lud die Referenten zu nachgefragten Themen ein und moderierte oft selbst. Die Räume hatten eine lockere Atmosphäre. Man musste auch, ganz anders als damals üblich, kein Mitglied sein. Ich habe in München und zwei weiteren Städten gestartet, zum Ende meiner Tätigkeit bei HRnetworx fanden die Treffen in 24 Städten statt. Pro Jahr gibt es 150 Veranstaltungen. Daraus ist ein Geschäft geworden. Vor drei Jahren habe ich HRnetworx an Management Circle verkauft.« Mit einer HR-Gruppe im damals neuen XING startete Tjalf Nienaber 2004 ein weiteres erfolgreiches Netzwerk mit heute 31000 Mitgliedern: »Ich habe die Gruppe lange aufgebaut, viel Content reingegeben und nicht aktiv verkauft. Doch auch hier kommt jetzt Angebot und Nachfrage schnell zusammen.« Noch heute gründet Tjalf Nienaber neue Netzwerke: »Ich gebe ihnen ein halbes bis dreiviertel Jahr und spreche dann aber das Netzwerk konkreter an, ob und was man noch füreinander tun kann.«

Beziehungsmanagement als Teil des Zeitmanagements

Wer kennt das nicht: ein voller, hektischer Tag. Um sieben Uhr morgens im Büro gewesen, vierzig E-Mails abgearbeitet, Bestellungen auf den Weg gebracht, Telefonate erledigt, Listen abgehakt, zwei Besprechungen geleitet, einen Kundentermin absolviert, ein Vorstellungsgespräch geführt, Ablage gemacht ... Sie fahren vielleicht um 19 Uhr nach Hause und haben trotz des arbeitsreichen Tags nicht das Gefühl, wirklich vorangekommen zu sein. Das Übel ist häufig leicht zu identifizieren: Sie haben die Prioritäten falsch gesetzt und trotz hektischer Aktivität letztlich nichts bewegt. Damit Sie Herr über Ihren Tagesablauf werden, ist es sinnvoll, sich Gedanken darüber zu machen, wie Sie Ihre Zeit verbringen und wie Sie sie verbringen wollen.

Die Hitparade des Zeitmanagements

Das Zeitmanagement nach Stephen Covey kennt vier Grundkategorien:

1. Wichtig und dringend
2. Wichtig und nicht dringend
3. Unwichtig und dringend
4. Unwichtig und nicht dringend

Wichtig und dringend sind alle eiligen Terminsachen, wie zeitlimitierte Angebote, Ausschreibungen, Reklamationen, Notfälle oder Telefonate. Wer sich vornehmlich in dieser Zeitkategorie bewegt, wird fremdbestimmt, lässt sich extrem unter Stress setzen und riskiert eher einen Herzinfarkt oder ein Magengeschwür.

Wichtig und nicht dringend sind alle Aktivitäten, die zukunftsorientiert sind und aktiv gesteuert werden. Darunter fallen zum Beispiel der Aufbau und die Pflege von Beziehungen, die Beschaffung von Informationen, der Aufbau von Infrastruktur sowie die Erforschung neuer Marktchancen. Gut organisierte und vorausschauende Manager bewegen sich zu circa 80 Prozent in diesem Zeitsegment.

Unwichtig und dringend sind zum Beispiel Telefonate mit Telefonverkäufern, deren Produkte und Dienstleistungen nicht benötigt werden, oder Störungen durch Werbefaxe.

Unwichtig und nicht dringend sind alle Dinge, die am besten sofort im Papierkorb landen. Dazu gehören Informationen, die Sie im Moment nicht benötigen und deren Archivierung mehr Zeit als die Wiederbeschaffung erfordert.

Beziehungsmanagement fällt unter die Zeitmanagementkategorie »Wichtig und nicht dringend«. Daher besteht permanent die Gefahr, dass es zugunsten der dringenden Dinge zu kurz kommt. Doch beachten Sie: Wenn etwas »nur« dringend ist, muss es nicht wichtig sein. Lassen Sie sich nicht hetzen. Behalten Sie gerade in turbulenten Phasen einen klaren Kopf und bestimmen Sie, wo Ihre Prioritäten liegen. Planen Sie daher die Zeit für Beziehungsaufbau und Beziehungspflege in Ihre Wochenplanung fest mit ein, denn damit legen Sie den Grundstein für das Netzwerken. Sorgen Sie dafür, dass Sie Ihr Ziel – hier das Netzwerken – stets erreichen, indem Sie einen maximalen, einen mittleren und einen minimalen Zeitaufwand festlegen.

- Maximales Ziel: zwölf Stunden pro Woche netzwerken
- Mittleres Ziel: vier Stunden pro Woche netzwerken
- Minimales Ziel: zwei Stunden pro Woche netzwerken

Das maximale Ziel ist herausfordernd und fast schon tollkühn zu formulieren, während das minimale Ziel ein Muss sein sollte. Formulieren Sie Ihr persönliches Minimalziel so niedrig, dass Sie es auch in den turbulentesten Wochen erfüllen können. Denn keine Zeit heißt schlicht: keine Priorität! Vielleicht erschrecken die angegebenen Networking-Zeiten den einen oder anderen. Und wie soll ich dabei meine Arbeit schaffen? Diese Frage steht dann oft im Raum. Antwort: Networking ist Arbeit!

Zwölf Stunden Networking – wie soll denn das gehen?

Wer an einem Tagesseminar mit anschließendem gemeinsamem Abendessen teil-nimmt, hat sein maximales Wochenpensum bereits erfüllt. Wenn er auch tatsächlich Beziehungen knüpft. Das Branchen- und branchenübergreifende Netzwerken lässt sich am besten monatlich planen: Ein Tag CeBIT mit Abendveranstaltung (Bran-chennetzwerk) und ein Besuch eines Business-Clubs mit zwei Folgeterminen (eine Runde Golf mit dem Werber, Mittagessen mit dem Headhunter), und schon sind Sie im grünen Bereich. Ansonsten sammeln Sie Networking-Punkte beim Flurplausch mit Kollegen, beim Feierabendbier mit alten Studienfreunden, beim Mittagessen mit Lieferanten, beim Firmen-Tennisturnier, beim Joggen mit dem Chef, beim Netz-werkabend und bei den wöchentlichen gezielten Kontakttelefonaten oder E-Mails. Als **Faustformel** gilt: pro Woche mindestens einen neuen Kontakte herstellen und einen bestehenden Kontakt pflegen. Wem das zu viel erscheint: Circa fünf Prozent der neuen Kontakte erweisen sich überhaupt als nützlich und erfolgsfördernd, d.h. es bleiben Ihnen pro Jahr maximal drei relevante Kontakte übrig.

Ines Manegold
Kreative Wege gehen

Ines Manegold ist seit 2010 Vorstandsvorsitzende der Kärntner Landes-krankenhäuser mit über 7000 Mitarbeitern. Für den Aufbau und die Pflege von Kontakten investiert die vielbeschäftigte »Managerin des Jahres 2010« viel Zeit, die sie wohlüberlegt einsetzt.

Geben und Nehmen

Beim Netzwerken auf neue Ideen kommen sowie fachlichen und branchen-übergreifenden Input erhalten, die nicht öffentlich verhandelt werden: »Das geht am besten, wenn man sich kennt, manchmal sogar nur im ganz kleinen persönlichen Kreis«, so die Erfahrungen der Vorstandschefin. Da man aber nie weiß, welche Informationen irgendwann einmal nötig sind, entwickelt und pflegt Ines Manegold ihr Beziehungsnetzwerk mit großer Offenheit: »Es ist ein Geben und Nehmen und keine Einbahnstraße. Und am Ende ein filigranes System, in dem es kein Aufrechnen oder Bilanzieren geben darf.«

Wer duschen will, darf keine Angst vor Wasser haben

Um sich mit den Anliegen ihrer Gesprächspartner vertraut zu machen, hat sie sich bei ihrem Start als Unternehmensvorstand in Kärnten auf regionale Networking-Gepflogenheiten eingelassen: sich eine angepasste, aber nicht aufgesetzte regionaltypische Kleidung zugelegt und eine Jagdkarte gemacht. »Wenn man Fuß fassen will, muss man sich mit den Themen der Menschen identifizieren. Dabei sollte man aber niemals etwas machen, das einem keine Freude bereitet«, so Ines Manegold. Ihre Jagdkarte ist dafür ein gutes Beispiel: »Ich wollte sie schon immer machen. Ich habe mich mit Biologie und Umwelt beschäftigt und gerne geschossen, hatte aber nie die Gelegenheit dazu. Eines meiner Vorbilder hat zudem viele seiner Kontakte bei der Jagd gemacht. Die Jagdkarte war für mich somit die perfekte Symbiose.« Wie viele andere versierte Netzwerker pflegt Ines Manegold Kontakte in mehreren Netzwerken, wie dem Lions Club, dem WOMAN's Business Club und darüber hinaus in einigen Berufsverbänden.

Eigene Netzwerke gründen

Doch kleine private Netzwerke werden immer wichtiger, davon ist Ines Manegold überzeugt: »Wegen der strengen Korruptionsgesetze sind sogar Essenseinladungen problematisch. Es ist notwendig geworden, andere Rahmen zu schaffen, in denen man seine Kontakte verbessern und Vertrauen entwickeln kann.« So hat sie vor fünf Jahren ein eigenes Netzwerk für Führungsfrauen im deutschsprachigen Gesundheitsbereich gegründet. »Auf Kongressen ist ein intensiver Austausch oft nicht möglich, zumal einige dort nicht gesehen werden möchten. Wir treffen uns viermal im

Jahr und bereiten reihum jeweils ein Thema vor. Dabei kristallisieren sich einige Mitgliedsfrauen heraus, bei denen die Chemie besonders stimmt«, beobachtet Ines Manegold. Das erfordert Geduld: Seit der Gründung im Jahr 2008 hat sie viel Zeit und Geld investiert und das Netzwerk anfangs sogar alleine betrieben. Als es dann stabiler wurde, haben die anderen Mitglieder dann immer mehr Aufgaben und Themen übernommen.

Daneben veranstaltet Ines Manegold regelmäßig privat-berufliche Veranstaltungen, wie persönliche Sommerpartys und Oktoberfest-Events mit über 100 Gästen: »Wer die Situation zu platt für sich nutzt und negativ auffällt, wird nicht mehr eingeladen.« Das Event hat Anderen wiederum gute neue Geschäftsgelegenheiten geboten: »Vor kurzem haben einige, die sich hier kennen und schätzen gelernt haben, eine GmbH gegründet. Dies ist mein persönliches Highlight, denn es ist ein gutes Gefühl, Menschen aus unterschiedlichen Bereichen zusammenzubringen und positives Business zu ermöglichen.«

Offen, aber gezielt investieren

Eine sinnvolle Konzentration ist auf die Dauer nötig, so ihre Überzeugung: »Im ersten Jahr sollte man ohne hohe Erwartungen und Vorbehalte losziehen, sich dann aber fragen, ob man auch wirklich die Menschen trifft, mit denen man seine Freizeit verbringen will. Wenn ich mich nicht wohl fühle, bin ich inzwischen so rigoros und gehe wieder. Denn das Wertvollste ist die persönliche Zeit.« Daher empfiehlt Ines Manegold, gut zu überlegen, wieviel Zeit man wirklich investieren kann: »Wenn man nur eine Stunde pro Woche dafür übrig hat, kann man sich nicht in fünf Netzwerke einlassen, sondern sollte sich konzentrieren«, so Ines Manegold. Oder sich etwas einfallen lassen: »Kärnten ist für mich eine logistische Herausforderung: Ich nehme schon mal Urlaub für ein spannendes Netzwerkevent oder lasse mich unterstützen. Ein Netzwerktermin beim WOMAN's Business Club in München mit der Grünen Kandidatin Sabine Nallinger für das Amt des Oberbürgermeisters 2014 war mir so wertvoll, dass ich einen Freund überzeugen konnte, mich anschließend die Strecke nachts nach Kärnten zurückzufahren. Die Investition: Allein sechs Stunden reine Fahrtzeit für einen Drei-Stunden-Termin.«

Ein guter Netzwerkmix macht's möglich

Wer einen schlauen Netzwerkmix betreibt, bleibt informiert im Job und kann im Bedarfsfall schnell auf ein funktionierendes Netzwerk zurückgreifen. Ausgehend von Ihren persönlichen Netzwerkzielen mixen Sie Ihren Beziehungscocktail. Beachten Sie von Anfang an Ihre private Netzwerkpflege. Sonst ist irgendwann Ihr(e) Partner/in mit Kind und Hund verschwunden und Sie haben noch nicht einmal mehr einen Freund zum Ausheulen. Professioneller Netzwerkmix sieht zum Beispiel so aus:

Privat: 30 Prozent	**Firmenintern: 30 Prozent**
Beispiele: Elternbeirat, Tanzclub. Ziele: sich das Leben einfacher machen und genießen, eine private Dienstleistungsflotte aufbauen, Familie, Freunde und Hobbys pflegen.	Beispiele: Meetings, Events, Hausmessen, Flurgespräche. Ziele: Bescheid wissen, sichtbar sein, Kontakte zu Kollegen, Vorgesetzen, Mitarbeitern, Lieferanten, Kunden pflegen.
Branchenübergreifend: 20 Prozent	**In der eigenen Branche: 20 Prozent**
Beispiele: Golfturniere, Seminare, Business Clubs. Ziele: Kreativität fördern, Bescheid wissen, Alternativen zum momentanen Job schaffen, sich austauschen mit Menschen aus anderen Berufswelten.	Beispiele: Messen, Kongresse, Interessengruppen. Ziele: sich einen Namen machen, Alternativen zum momentanen Job schaffen, Kennenlernen der Kunden, Konkurrenten, Mitbewerber und Zulieferer.

© Monika Scheddin

Zu den obersten Prioritäten gehört es, für die eigene Gesundheit zu sorgen. Wer sich als Führungskraft nicht fit hält, verhält sich gegenüber den Mitarbeitern grob fahrlässig, wer als Mutter oder Vater nicht für sein eigenes Wohlergehen sorgt, gefährdet letztlich das Wohl seiner Kinder. Wer für die eigene Gesundheit keine Verantwortung übernimmt, fällt irgendwann nicht nur als Erzieher und Ernährer, sondern auch als Coach für die Mitarbeiter und als Vorbild aus. Mit dieser Haltung ist es für Sie demnächst vielleicht einfacher, die Buchhaltung liegen zu lassen, als aufs Joggen oder Walken zu verzichten. Und ganz viele verbinden das Angenehme mit dem Nützlichen.

Fit und informiert bleiben

Sven S., 36 Jahre, Manager bei Oracle, ist einmal wöchentlich mit einem Firmenkollegen einer anderen Abteilung für eine Stunde zum Joggen verabredet. »Wir laufen direkt nach der Arbeit, bei jedem Wetter. Wir genießen die frische Luft, die Bewegung und können uns so richtig abreagieren. Um im guten Pulsbereich zu bleiben, wechseln wir Laufen und Gehen ab.

Die Gehstrecke lässt uns genug Luft zum Reden. Wir tauschen Informationen aus, geben uns gegenseitig Ratschläge und besprechen Probleme. Es tut schon gut zu wissen, dass andere die gleichen Schwierigkeiten haben wie man selbst. Und über den Kollegen ist es mir gelungen, eine neue Position zu ergattern. Das war der Einstieg in die nächsthöhere Ebene.«

Netzwerkverlauf

	Grundstock bilden
2 Jahre Networking	Plattformen identifizieren, Mitgliedschaften in einem Branchennetzwerk und einem branchenübergreifenden Netzwerk.
	Marke
5 Jahre Networking	Sie haben sich in Ihrem Netzwerk einen Namen gemacht und zudem ein eigenes Netzwerk gegründet.
	Quality Networking
10 Jahre Networking	Sie bewegen sich im Premiumbereich und werden in exklusive private Kreise geladen. Sie verbinden Ihre eigenen Netzwerkaktivitäten mit persönlichen Interessen (zum Beispiel einer Bergtour oder einem Golfevent).
	Erntezeit
30 Jahre Networking	Sie sind Mr. oder Mrs. Networking. Akquise haben Sie nicht mehr nötig. Sie sitzen an entscheidenden Hebeln, haben spannende Aufsichtsratsmandate und verdienen letztendlich mit Netzwerken Geld.

© Monika Scheddin

Informieren Sie sich gründlich

Nun wird es langsam Zeit, dass Sie sich auf die Suche nach dem passenden Netzwerk begeben. Nutzen Sie all Ihre Kontakte, um mehr über deren Verhalten im Bereich Netzwerken zu erfahren. Fragen Sie alle Personen in Ihrem Umfeld, zum Beispiel Ihre Kollegen, ehemaligen Kommilitonen, Vorgesetzten oder Vorbilder,

- welche Netzwerke sie besuchen,
- wo sie Mitglied sind,
- welche Veranstaltungen sie wahrnehmen,
- welche Zeitungen und Zeitschriften sie lesen,
- welche Bücher man ihrer Meinung nach gelesen haben sollte,
- welche Internetadressen sie empfehlen können.

Selbstverständlich werden Sie dafür zuerst den entsprechenden Rahmen schaffen müssen. Nehmen Sie sich Zeit für den Smalltalk und überfallen Sie Ihren Gesprächspartner nicht. Erst, wenn Sie eine vertrauensvolle Atmosphäre aufgebaut haben, sind persönliche Fragen möglich. Und wenn Sie fragen, warten Sie bitte auch die Antwort ab. Nehmen Sie sich wiederum Zeit, hören Sie gut zu, fragen Sie nach, schreiben Sie gegebenenfalls mit.

Das ist doch selbstverständlich? Leider nein. Beobachten Sie während der nächsten 14 Tage diesbezüglich Ihre Gesprächspartner in den Besprechungen.

Schärfen Sie Ihre gezielte Wahrnehmung. Konsumieren Sie alle Medien – TV, Radio, Internet und Print – im Hinblick auf Ihr Fernziel:

- Wo gibt es interessante Netzwerkveranstaltungen?
- Wer sind für mich interessante Personen?

Ergiebig sind Wirtschaftssendungen oder Wirtschaftsmagazine, Fachzeitschriften und trendorientierte Zeitschriften wie zum Beispiel »brand eins«. Auch Firmenmagazine werden immer hochwertiger. So erweisen sich selbst das Lufthansa-Magazin, das Heftchen der Deutschen Bahn oder das Diners Club Magazin von Zeit zu Zeit als echte Fundgruben für Veranstaltungen oder für »good to meet persons«. Machen Sie sich noch keine Gedanken, wie Sie diese Leute kennenlernen können. Sammeln Sie zunächst einmal. Bestimmte Menschen werden Ihnen sowieso früher oder später begegnen, bei anderen müssen Sie etwas nachhelfen.

Business-Netze verstehen:
Welches Netzwerk ist das richtige für mich?

Nachdem Sie sich gründlich vorbereitet und viele Informationen gesammelt haben, ist Fleißarbeit angesagt: Besuchen Sie möglichst viele offene Netzwerk-Veranstaltungen (siehe Auflistung Business Netzwerke) und verschaffen Sie sich einen persönlichen Eindruck. Sie werden feststellen, dass Netzwerke mit wohlklingendem Namen vielleicht außer diesem nichts zu bieten haben oder dass hinter grausamen Clubnamen durchaus ein engagiertes Team mit guten Ideen und viel Power stehen kann.
Nehmen Sie gleichzeitig Kontakt zu Ihren Berufsnetzwerken (zum Beispiel Controllerverein, Internistenverband oder Marketing-Club) auf. Auch hier gilt: hingehen und Atmosphäre schnuppern.

Welche Arten von Netzwerk-Veranstaltungen gibt es?

Die Bandbreite dessen, was bei Business-Netzwerk-Veranstaltungen geboten wird und in welcher Form dieses stattfindet, ist groß:

- Zum einen gibt es den obligatorischen *Stammtisch*, bei dem über wichtige, mehr aber über unwichtige Dinge geplauscht oder diskutiert und sich um das leibliche Wohl gekümmert wird.
- *Kongresse:* Die Regel ist, dass bei einer solchen Veranstaltung ein Frontalvortrag nach dem anderen – hübsch nach der bewährten Regel »Quantität schlägt Qualität« – stattfindet. In den Pausen wird hastig ein Snack am Stehbüffet hinuntergeschlungen. Nebenbei schaut man sich die Ausstellungsstände an und hofft auf nette Werbegeschenke. Im Normalfall unterhält man sich mit denen, die man schon kennt.
- *Business-Kontaktbörsen:* Diese Börsen sind sehr interessant, da sie konkret aufs Kontaktknüpfen ausgerichtet sind und größtenteils ein moderiertes Kennenlernen umfassen.
- *Visitenkartenpartys:* Hierbei handelt es sich um eine andere Form der Kontaktbörse – quasi um eine kostengünstige Personen-Messe. Hier gibt es Visitenkarten statt Stände. Heiß geliebt von den Wirtschaftsjunioren.

- *Vorträge:* eine klassische Veranstaltungsform. Frühzeitig hingehen, Fragen an Referenten stellen, Smalltalken.
- *Vernissagen:* ein gängiges Mittel, Menschen zusammenzubringen. Nur, die Idee haben viele. Wer also Leute hinterm Ofen hervorlocken will, sollte sich was anderes einfallen lassen.
- *Podiumsdiskussionen:* Supermedium, um mehrere Menschen kennenzulernen. Die Teilnehmer sind meist in Pro-Neutral-Contra-Positionen aufgeteilt.
- *Partys:* Das Austauschmedium der jungen Karrieren.
- *Salon-Events:* erleben gerade eine Renaissance – vornehmlich im privaten Rahmen mit erlesener Gästeliste.
- *Geschäftsessen:* Business-Breakfast, Business-Lunch, Business-Dinner – Geschäftsessen können sehr intensiv ausfallen, weil dabei alle Sinne angesprochen werden (sehen, hören, riechen, schmecken, fühlen).
- *Soziale Netzwerke:* Es führt kein Weg daran vorbei. Sie bieten hervorragende Möglichkeiten, auf Vorrat zu netzwerken und sich zu positionieren.

Für Netzwerkneulinge empfiehlt es sich, das gesamte Spektrum kennenzulernen und Erfahrungen zu sammeln. Am besten mit sozialen oder offenen Netzwerken beginnen, zum Beispiel bei Xing und den Wirtschaftsjunioren, bei den jungen Bühnen der politischen Parteien oder bei den Toastmasters.

Die Sozialen Netzwerke – Fluch oder Segen?

Als ich die erste Version dieses Buchs 2001 zu schreiben begann, gab es die sogenannten Sozialen Netzwerke noch nicht. Weder Facebook noch Xing waren gegründet – diese entstanden erst 2003.

Die interessantesten Sozialen Netzwerke sind aktuell Xing (fürs Business im deutschsprachigen Raum), LinkedIn (für alle, die internationale Geschäfte machen) und Facebook (für private und geschäftliche Kontakte).

Natürlich gibt es noch weitere virtuelle Netzwerke, wie z. B. Google Plus. Ich persönlich habe mich auf Xing und Facebook festgelegt, Anfragen vom LinkedIn und Google Plus beantworte ich nicht, denn alle Profile wollen aktualisiert und gepflegt sein.

Meine Empfehlung: tanzen Sie nicht auf allen Hochzeiten!

Jedes Profil in jedem sozialen Netzwerk will gepflegt sein. Konzentrieren Sie sich auf ein oder zwei virtuelle Plattformen.

Sind Soziale Netzwerke überhaupt für's Business zu empfehlen?

Ja, sind sie. Sie sollten sie kennenlernen und sich mit ihnen befassen, denn sie bringen – bei allen Vorbehalten in puncto mangelnder Datenschutz und Angst vor Verletzung der Privatsphäre – viele Vorteile und Möglichkeiten. Beginnen Sie vorsichtig und werden Sie später mutiger, doch niemals blauäugig.

Wichtig zu wissen: wo ein Angebot kostenlos ist, muss anderswo verdient werden. Entweder durch Werbung und / oder durch den lukrativen Handel mit Kundendaten.

Facebook ist eine (noch) kostenlose Plattform. Datensicherheit ist hier nicht gegeben. Von daher kann es passieren, wie es auch geschah, dass sich plötzlich eine ganze Stadt-Facebook-Seite im Nirwana auflöst. Proteste? Fehlanzeige. Wer nichts zahlt, hat auch kein Recht auf Leistung. Dennoch überwiegen die Vorteile die Nachteile. Und wer mitreden will, sollte das Medium zunächst kennenlernen.

Auch bei Xing kann man kostenlos einsteigen, verzichtet dann jedoch auf interessante Möglichkeiten (z. B. zu sehen, wer sich mein Profil warum angeschaut hat). Premiummitglieder zahlen rund 70 Euro pro Jahr und erhalten dafür eine adäquate Leistung. Xing gehört heute zu Burda und ist nach meiner Erfahrung datentechnisch vertrauenswürdig. Dennoch würde ich in kein Soziales Netzwerk auch nur irgendeine Information reingeben, die ich nicht Jahre später in der Bildzeitung lesen wollte.

Xing und LinkedIn sind hervorragend geeignet, um professionell auf Vorrat zu netzwerken. Fügen Sie Kontakte von Menschen, die Sie einmal getroffen haben oder die Sie gerne zu Ihren Kontakten zählen möchten, Ihrem Netzwerk hinzu. Dazu ist eine Kontaktanfrage nötig, die entweder angenommen oder abgewiesen wird. Sobald der Kontakt bestätigt wurde, vergeben Sie ein Stichwort (z. B. Veranstaltung xyz plus Datum) und am besten weitere Informationen zur Adresse (z. B. »Empfehlung von« oder »kennt sich aus mit«). Nur so wissen Sie auch Jahre später noch, wo der Erstkontakt begann. Nun verfügen Sie über eine Datenbank, die Sie ganz in Ruhe erweitern können und wo Ihre Kontakte selbst Ihre Daten aktualisieren, wenn sie den Job wechseln, umziehen oder eine andere Telefonnummer haben.

Kurze Leistungsübersicht:
Xing
Abbildung der Kontakte mit Foto und Lebenslauf. Große **Transparenz**, wirkt seriös. Kommunikation insgesamt inzwischen etwas behäbig und verstaubt.

Die interessanteste Rubrik für Profil-Besucher ist die Rubrik **»über mich«**: eine gute Möglichkeit, etwas über den Menschen hinter den Fakten zu erfahren. Denn Kontakt funktioniert nur, wo jemand etwas über sich preisgibt.

Unter **»Neuigkeiten«** kann ich sehen, was sich bei meinen Kontakten tut (wer hat welche neuen Kontakte, empfiehlt was oder nimmt wo teil) und kann jeweils kommentieren oder es als »interessant« kennzeichnen.

Einfache Möglichkeiten, **Gruppen zu gründen**. Unzählige Gruppen zum Erfahrungsaustausch sind hier entstanden (z. B. nach Städten, beruflichen Interessen und privaten Hobbys). Wie in »echten« Netzwerken gilt auch hier: die Gruppe ist nur so aktiv wie ihre Mitglieder motiviert sind. Selbst die beste Gruppenidee versickert schnell im Sande, wenn der oder die Moderatoren keinen guten Job machen und nicht aktiv sind. Eine der aktivsten Gruppen bei Xing ist die »Nutella-Gruppe«. :-)

Events organisieren: die technischen Möglichkeiten sind gut. Events sind einfach zu beschreiben, die Kontakte leicht zu machen. Aber ein schnelles Medium verlockt zu großer Unverbindlichkeit und kurzfristigen Absagen. Das müssen die Veranstalter berücksichtigen und die Gästeliste auslesen. Nur wenige Eventveranstalter erlauben sich noch den Luxus, die Teilnehmerliste offen anzuzeigen: Hochkaräter wollen nicht gejagt werden – mit Anfängern will sich keiner treffen.

»Like« oder »interessant« = Wertschätzung auf Tastendruck zeigen: Ein »like« zeigt Beachtung – »Ich habe Dich gesehen«. Wir bekommen damit unmittelbare Resonanz und ein Gefühl von Wirksamkeit der Aktivitäten.

Facebook

Während Xing und LinkedIn eindeutige Business-Netzwerke sind, kann Facebook sowohl privat als auch beruflich genutzt werden. Auf jeden Fall ist es eine sehr informelle Plattform. Überlegen Sie sich vorher, wofür Sie es nutzen wollen. In vielen Fällen macht es Sinn, eine private und eine separate geschäftliche Facebook-Seite zu haben.

Bitte übersetzen Sie hier »Freunde« mit »Bekannte«.

Facebook hat sehr gut verstanden, dass **Bilder** und **kurze Filme** eine größere Wirkung haben als ellenlange Texte. Kaum jemand nimmt sich noch die Zeit, Texte wirklich zu lesen. Auf der anderen Seite – wer hat es schon gelernt, wirklich ansprechende Texte zu schreiben?

Eine super Funktion ist das **Teilen** von Inhalten. Fotos, Filme oder Inhalte, die gefallen, kann man direkt ohne Arbeitsaufwand auf seiner eigenen Facebook-Seite platzieren. Der Ursprung wird angezeigt und die Person, deren Inhalte geteilt werden, fühlt sich einmal mehr wertgeschätzt.

Datenschutz ist bei Facebook eine Lachnummer. Alle Inhalte können ungeniert von jedem kopiert und benutzt werden. Jeder sollte von daher gut abwägen, was persönlich wichtiger ist: Selbstmarketing versus Ideenklau.

Grundsätzlich gilt:

Wie in Live-Netzwerken profitieren auch in Sozialen Netzwerken diejenigen mehr, die aktiv sind. Sie geben mit ihren Aktivitäten anderen Menschen die Möglichkeit, anzudocken, also auf sie zu reagieren.

Allerdings sollten Sie sich überlegen, wie Sie in Erinnerung bleiben wollen: z. B. als uninteressante Nervensäge oder als interessanter Experte.

Die Nervensäge regt sich ständig über alles, gerne übers Wetter, auf und findet kein Ende. Postet ein Foto von jeder Mahlzeit oder jedem besuchten Event. Aber wie überall ist das natürlich rein persönliche Geschmackssache. Deshalb die Regel: Posten Sie nur das, was Sie auch bei Anderen interessant und gut finden.

Und auch bei den Sozialen Netzwerken gilt: **Tun ist die Devise**. So ist der gute alte Glückwunsch zum Geburtstag nach wie vor eine wunderbare Möglichkeit der Kontaktpflege. Die Plattformen erinnern zuverlässig an Geburtstage, besser als es jede Sekretärin könnte. Keine Ausrede ist mehr möglich. Und trotzdem nutzen nur circa 5 Prozent diese Möglichkeit. Allen anderen ist es zu viel Aufwand. Denn wenn Sie zum Geburtstag gratulieren, ist es wichtig, dass sich das Geburtstagskind auch wirklich gemeint fühlt. 08/15-lieblos-Grüße bitte sein lassen.

Meine Empfehlung: Gratulieren Sie nur Ihren Herzenskontakten. Und dann vielleicht doch lieber eine echte Karte per Post verschicken, oder einen Blumenstrauß oder sogar ein Geschenk ...

Das Internet vergisst nichts. Seien Sie nicht feige, aber auch nicht dumm.

Stellen Sie Ihre Regeln auf:

- Mit wem will ich mich vernetzen (mit jedem? Mit meinen Mitarbeitern? Auch mit Freunden? Nur mit Freunden? Nur mit Menschen, die ich schon einmal getroffen habe?)
- Geben Sie nur Infos oder Daten in Soziale Netzwerke (insbesondere bei Facebook), die Sie auch noch nach Jahren über sich irgendwo lesen wollen.
- Legen Sie ein maximales Zeitbudget pro Woche fest.

Ich persönlich vernetze mich bei Xing z. B. nur mit Menschen, die ich schon einmal getroffen habe und mit denen, die (wie ich) ihre Kontakte freigeben. Ich bestätige keine Kontakte zu Menschenjägern mit mehreren tausend Kontakten.

Aber: Es gibt auch Ausnahmen von der Regel. So habe ich gelernt, dass es manchmal Sinn macht, seine Kontakte nicht freizugeben, z. B. wenn ein Personalberater seine Kundschaft schützen will.

Ich bin im Laufe der Zeit etwas großzügiger geworden: Für uninteressante Nachrichten benutze ich einfach die Löschtaste.

Welche Kriterien muss ich für einen Club-Beitritt erfüllen?

Wenn es nicht gerade um ein G8-Treffen geht, dürfte es – nach einigem Bemühen – in der Regel kein Problem sein, selbst in die eine oder andere Veranstaltung höchst exklusiver Kreise zu gelangen. Nehmen Sie Kontakt zur Geschäftsstelle auf und bitten Sie darum, in den Verteiler aufgenommen zu werden oder um eine Einladung zur nächsten Veranstaltung. Es kann sein, dass Sie daraufhin Ihrerseits Referenzunterlagen senden müssen. Wenn Sie dies dann tun und nach Ihrer Auffassung auch durchaus etwas zu bieten haben, kann es Ihnen dennoch passieren, dass Sie wochenlang nichts hören. Der einzige Rat, den ich Ihnen für solche Fälle geben kann: Nehmen Sie es nicht persönlich. Wenn es sein soll, werden Sie früher oder später einen Zugang über einen neuen, guten Kontakt bekommen. Bleiben Sie einfach gelassen dran.

Um tatsächlich Mitglied in einem Netzwerk zu werden, müssen Sie eventuell deutlich mehr Aufwand betreiben und zudem gewisse Bedingungen erfüllen. Bei einigen Netzwerken sind diese offengelegt, bei anderen wiederum nicht. In der Regel gibt es fixe und variable Anforderungen an neue Mitglieder (Details zu den einzelnen Business-Clubs siehe Anhang ab Seite 154).

Fixe Anforderungen

Um in den einen oder anderen Club aufgenommen zu werden, muss man bestimmten Anforderungen genügen, die das Netzwerk für seine Mitglieder aufgestellt hat. Was man sein oder haben muss, ist ganz unterschiedlich:

- die Zugehörigkeit zu einer bestimmten Berufsgruppe (Journalisten, Rechtsanwälte, Steuerberater, Sekretärinnen etc.),

- eine bestimmte Position (Führungskraft, Vorstand etc.),
- einen bestimmten Mindestumsatz und / oder eine bestimmte Mitarbeiterzahl bei Unternehmern,
- ein bestimmtes Geschlecht (Männerbünde, Frauenriegen),
- einen hohen persönlichen Bekanntheitsgrad,
- einen minimalen IQ (Mensaclub),
- ein bestimmtes Alter (zum Beispiel maximal 40 Jahre bei den Wirtschaftsjunioren),
- einer von zum Beispiel drei oder weniger Vertretern eines Berufsbilds im Netzwerk,
- Bürgen oder Referenzen,
- akademische Grade,
- spektakuläre Leistungen (zum Beispiel die Besteigung des Mount Everest beim Explorer's Club),
- die Bereitschaft zu regelmäßiger Teilnahme (zum Beispiel beim Lions Club).

Hierzu ist zu sagen: Die fixen Anforderungen erfüllen Sie oder erfüllen Sie nicht. Da gibt es keinen Interpretationsspielraum.

Variable Anforderungen

Extrem dehnfähig sind hingegen die variablen Anforderungen, dazu können zum Beispiel gehören:

- Win-Win-Orientierung
- Netzwerkfähigkeit
- Loyalität
- Kontinuität (regelmäßige Teilnahme, langfristige Mitgliedschaft)
- Engagement (Vortrag, Betreuung der Gäste, Posten, Protokollführerin etc.)

Hier spielen subjektive Kriterien eine Rolle. Die versteckte Bedeutung hinter diesen Worten: »Kannst du, lieber Aspirant, geben oder nur nehmen? Kannst du dich benehmen, anpassen, zurückhalten und zuhören? Plauderst du Vertrauliches aus oder bist du diskret? Kannst du Termine einhalten und Prioritäten setzen? Fühlst du dich verantwortlich und packst mit an? Glauben wir, dass du unsere Erwartungen erfüllen wirst und zu uns passt? Bist du jemand, mit dem wir gerne mehr Zeit verbringen wollen?«

Ich habe in Netzwerken durchaus schon leicht schrille Mitglieder erlebt, die sich ihren Platz dadurch erobert haben, dass sie zum Beispiel gute Werbung für den Club gemacht, interessante Persönlichkeiten mitgebracht oder den Auftritt eines prominenten Referenten arrangiert haben.

Mitgliedschaft auf Probe

Ein Netzwerk nimmt seine Mitglieder nicht einfach freudig auf, sondern hat auch Erwartungen an seine neuen Mitglieder. Diese werden bei der »Mitgliedschaft auf Probe« ganz genau vom Entscheidungsgremium beobachtet. Sinn und Zweck dieses Stadiums ist es, passende Mitglieder herauszufiltern und unpassende nicht zuzulassen. Dezent beobachtet wird:

- Ist die / der Neue eher aktiv oder passiv?
- Ist sie / er dezent oder aufdringlich?
- Beschwert sich der Neuling öffentlich oder hinter vorgehaltener Hand über Dozenten, Essen, Gebühren, Bedienung etc.?
- Versucht der Neuling gleich, andere Clubmitglieder für eigene Zwecke einzuspannen?
- Passt die Kleidung?
- Kommt er zu spät und geht dafür früher?
- Welchen Nutzen könnte der Neuling uns bieten?

Erst wenn all diese Fragen beantwortet sind und sich das Entscheidungsgremium eine Meinung gebildet hat, wird die Mitgliedschaft auf Probe zu einer festen werden.

Wie werde ich netzwerkattraktiv?

Grundsätzlich gibt es zwei Möglichkeiten, Mitglied eines exklusiven Netzwerks zu werden: Entweder Sie werden aktiv und bewerben sich oder Sie werden zur Mitgliedschaft gebeten. Letzteres ist natürlich wesentlich angenehmer. Dafür müssen Sie jedoch attraktiv für den jeweiligen Club sein. Automatisch netzwerkattraktiv sind die Menschen, die kein Netzwerk mehr brauchen, weil sie bereits gut vernetzt sind (siehe Promibeispiele). Für alle anderen gilt: Man muss schon wer sein, um wer zu werden. Sprich, sich also geschickt in Szene setzen:

- mit guten Ideen,
- mit einem spannenden Hobby (so wurde ein ganz harmlos und mausgrau wirkendes Männlein plötzlich in einem ganz anderen Licht betrachtet, nur weil er als Hobby »Square Dance« angab),
- mit einem hohen PR-Wert und einer dicken Pressemappe,
- mit der Veröffentlichung von Fachartikeln oder Büchern,
- mit der Bereitschaft, sich zu engagieren und ein Amt zu übernehmen (es ist nicht ungewöhnlich, dass Personen in ein Netzwerk aufgenommen werden, nur weil sie ein Amt übernehmen, obwohl sie die Aufnahmekriterien – zum Beispiel Anzahl der Mitarbeiter, Umsatz – nicht erfüllen),
- mit guten Kontakten und gezieltem Werben für den Club,
- mit Verbesserungsvorschlägen,
- mit der Fähigkeit, Probleme zu lösen und keine neuen zu schaffen
- mit der Akquise von Sponsoren (von der Finanzspritze für die Preisverleihung bis zu Sachpreisen für die Tombola),
- mit anders sein als alle anderen, aber dabei nicht unangenehm auffallen, sondern überraschen und verblüffen (so wie die Kabarettistin Sissy Perlinger, die anlässlich einer Messe in der Münchner Olympiahalle 1998 erzählte, dass sie ihre Umgebung schon sehr früh auf ihr Anderssein vorbereitete, indem sie sich einen Stoffdachs auf die Schulter setzte und schnell lernte, mit erstaunten Gesichtern zu leben).
- Gute Karten hat auch immer der Aufmerksame, der Feuer gibt, Glückwunschkarten schreibt, Gefallen erweist (zum Beispiel eine Mietwohnung vermittelt, den Dackel ausführt, Kopien macht, sein Büro fürs Treffen zur Verfügung stellt, das Mailing übernimmt …).

Die Möglichkeiten, sich netzwerkattraktiv zu machen, sind vielfältig. Wer sich das heraussucht, was er gerne tut, braucht sich auch nicht den Vorwurf des Anbiederns gefallen lassen.

Woran lässt sich ein gutes Netzwerk erkennen?

Ein gutes Netzwerk erkennt man daran, dass es über eine lange Zeit kontinuierlich eine gute Plattform geboten hat. Seine Mitglieder sind treu. Der Kreis bleibt dynamisch und beweglich. Eine angenehme Stimmung drückt den Grad der Zufriedenheit aus. Letztendlich gibt es nur eine einzige Person, die die Kriterien für ein gutes Netzwerk aufstellen kann: Sie selbst. Nutzen Sie die nachfolgende Checkliste dafür, sich Ihre Erfahrungen und Eindrücke durch den Kopf gehen zu lassen, bevor Sie sich endgültig entscheiden.

Checkliste Netzwerk-TÜV

- Welche Menschen treffen Sie im Club (Berufe, Rang, Alter, Geschlecht, Gesinnung) und welche wollen Sie treffen?
- Passen die Ziele des Netzwerks mit Ihren eigenen Zielen zusammen? Werden die offiziellen Ziele des Netzwerks auch praktisch verfolgt oder tun die Mitglieder vielleicht etwas ganz anderes?
- Welche Ausrichtung hat das Netzwerk: international, bundesweit, lokal?
- Wie groß ist das Netzwerk in Bezug auf die Anzahl der Mitglieder? Wie lautet die Clubdevise? »Wir haben x-tausend Mitglieder« oder »klein aber fein«? Und was ist Ihre persönliche Präferenz?
- Durchsichtigkeit und Informationspolitik: Kennen Sie als Interessent die Mitgliedszahlen, die Aufnahmekriterien, das Aufnahmeprozedere oder die Preise? Haben Sie das Gefühl, alles fragen zu können oder gibt es irgendwelche Geheimnisse?
- Gibt es Bewegung im Club? Sprich, ist das Verhältnis von etablierten Mitgliedern und neuen Gesichtern ausgewogen?
- Wird der Datenschutz gewährleistet und auch von den Mitgliedern ausdrücklich gefordert? Das heißt: Werden die Daten tatsächlich von keiner Seite an Dritte weitergegeben?
- Wie ist die Atmosphäre? Wird offen agiert, kommuniziert und gelacht oder herrschen Clübchenkultur, Schweigen und »Hallo ich bin wichtig«-Gesichter vor? Werden Sie persönlich begrüßt und willkommen geheißen oder kommen und gehen Sie als Fremder?
- Wie sind das Programm und die Aktivitäten?
- Welcher Service wird geboten? Ist das Netzwerk tagsüber persönlich erreichbar? Werden die gewünschten Infos verschickt und wenn ja, mit welcher Reaktionszeit? Gibt es Namensschilder, Quittungen etc.? Fühlen Sie sich gut behandelt?
- Last but not least: Macht Ihnen das Netzwerken in diesem Kreis Spaß? Bitte gehen Sie mindestens dreimal hin, bevor Sie diese Frage beantworten. Menschen, die generell ungern kommunizieren, überlesen die Spaßfrage einfach.

Netzwerk-Etikette:
Wie verhalte ich mich in einem Netzwerk?

Wenn Sie sich in einem Netzwerk bewegen, gibt es einige grundlegende geschriebene und ungeschriebene Regeln, die für alle Netzwerke gelten. Wenn Sie diese beherzigen, werden Sie gut zurechtkommen und die Vorteile eines Netzwerks nutzen können. Insgesamt drücken die gewünschten Verhaltensweisen Rücksicht, Wertschätzung und Großzügigkeit aus, die die Kommunikation untereinander angenehm und werthaltig gestalten sollen. Und so ist Netzwerk-Etikette zu verstehen: Der eine nimmt den Neuling gar nicht zur Kenntnis, der Rücksichtsvolle sieht den suchend-fragenden Blick und bietet von sich aus Hilfe an. Dem einen bleibt schier die Luft weg, wenn Menschen sich nicht an Regeln halten, und er macht seinem Unmut Luft. Der andere bleibt gelassen, nimmt das störende Verhalten wahr, aber sieht bewusst darüberhinweg. Der eine findet es wichtig, bequem gekleidet zu sein, und vergisst dabei vielleicht, dass festliche Kleidung bei einer Preisverleihung auch ein Zeichen von Wertschätzung – nicht zuletzt dem Preisträger gegenüber – ist. So verstanden hat Etikette viel mit Achtsamkeit zu tun: für Sie, für andere, für eine gemeinsame Sache.

Geben und Nehmen

Dieser Punkt ist besonders wichtig, wenn Sie zusammen mit anderen Netzwerkteilnehmern etwas erreichen wollen. Und zwar möglichst in der Reihenfolge: erst geben, dann nehmen. Das heißt: gerne etwas zu tun, ohne direkt eine Gegenleistung zu erwarten. Aber auch: die Leistung eines anderen gut annehmen können. Netzwerker, die die Kunst des Win-Win beherrschen, wissen, dass Geben und Nehmen auf Dauer ausgeglichen sein müssen. Sie sind im Netzwerk leicht daran zu erkennen, dass sie gerne in Vorleistung gehen und Kontakte vermitteln, empfehlen, bei Netzwerkkollegen bestellen, kaufen. Sie denken nicht nur für sich, sondern auch für andere in Chancen. Das heißt, sie nehmen auch Dinge wahr, die nicht für sie persönlich interessant sind, sondern für ihre Kollegen. Und machen sich die Mühe, diese anzurufen und zu informieren.

Angenommen, ein Netzwerker akquiriert im Namen des Clubs für eine Veranstaltung Sponsoren. Er bekommt gute Kontakte, die er später auch für sich nutzen kann. Dass er dabei nicht für sich, sondern für sein Netzwerk agiert, macht ihn in der Akquise vermutlich souveräner. Der Club bekommt finanzielle Unterstützung, der Netzwerker wertet sich innerhalb des Clubs enorm auf und hat sich einige Gefallen verdient. Dem Sponsor steht eine gute Werbeplattform zur Verfügung, die Besucher der Veranstaltung bekommen etwas geboten – und letzten Endes haben ganz viele Menschen profitiert. Win-Win eben. Doch drei Dinge machen das Ausbalancieren schwer.

Zu hohe oder falsche Erwartungshaltung: Sagen Sie es Ihren Netzwerkfreunden, wenn Sie deren Hilfe benötigen. Die allerwenigsten können ahnen, was in uns vorgeht oder was wir uns wünschen. Wenn ein »Nein« für Sie okay ist, können Sie alles fragen. Beispiel: »Ich habe in der FAZ gelesen, dass ihr einen Marketingjob ausschreibt. Ich bin interessiert. Kannst du meine Bewerbungsunterlagen gut positionieren / eine Verbindung schaffen?«

Unterstützung wird nicht angenommen: Geben ist seliger denn Nehmen? Ja und nein. Wenn Sie anderen fortlaufend die Chance verweigern, ihre offene Rechnung auszugleichen, indem Sie Gefallen entweder nicht annehmen (können) oder wiederum sofort ausgleichen wollen, läuft es auf dasselbe hinaus, als hätten Sie niemals jemandem einen Gefallen getan. Der Kontakt zu Ihnen wird langfristig gekappt, denn keiner will dauerhaft als personifizierter Schuldenberg durchs Leben laufen oder mit seinem Wunsch, auch einfach ohne sofortige Gegenleistung einmal geben zu wollen, zurückgewiesen werden.

Fehlende Informationen: Die Dinge entwickeln sich rasant. Gestern noch tummelten Sie sich auf dem Tennisplatz, heute suchen Sie einen guten Golflehrer. Gestern wollten Sie noch einen Auslandsjob, heute suchen Sie ein Häuschen im Grünen. Damit das Verbündetensystem tatsächlich funktionieren kann, ist es wichtig, die Mitglieder ständig auf dem Laufenden zu halten, in etwa nach dem folgenden System:

- Status: Hier stehe ich heute.
- Ziel: Dort will ich hin.
- Ressourcen: Das brauche ich noch.

Und: Ebenso wie Sie es vermutlich häufig genug versäumen, Ihr Netzwerk über Veränderungen zu informieren, geschieht dies Ihren Netzwerkpartnern. Als guter Netzwerker gönnen Sie Ihrem persönlichen VIP-Kreis eine Sonderbehandlung: Fragen Sie, ob sich bei ihnen eventuell etwas geändert hat und ob es irgendetwas gibt, was Sie für ihn / sie tun können.

Tun Sie Gutes

Das hört sich so einfach an, so banal. Sind wir nicht alle im Grunde unseres Herzens gute Menschen? Wahrscheinlich. Vielleicht wäre es für andere leichter erkennbar, wenn wir es auch beweisen würden. Dazu braucht es nur eine persönliche Voraussetzung: Versuchen Sie mitzukriegen, was dem anderen gefallen könnte, und tun Sie etwas Entsprechendes. Die Liste solcher Möglichkeiten ist lang und oft handelt es sich um ganz einfache Dinge.

Informationen zukommenlassen: Angenommen, einer Ihrer Netzwerkpartner sucht alles zum Thema »Trends«. Sobald Sie zufällig in Tageszeitungen, Magazinen oder Newslettern fündig werden, schneiden Sie die Beiträge einfach aus und schicken Sie sie dem Kollegen. Selbstverständlich besteht die Möglichkeit, dass der Trendexperte einen Großteil der Infos schon selbst gesammelt hat; aber auf die vielleicht noch fehlenden zehn Prozent und noch vielmehr auf die gezeigte Wertschätzung kommt es an. Das Gleiche gilt für Vorträge oder TV-Sendungen. Nutzen Sie die Gelegenheit und teilen Sie es Kollegen mit, wenn Ihnen solche Informationen unterkommen und Sie wissen, dass diese an dem angekündigten Thema interessiert sind. Infos über die Konkurrenz stoßen ebenfalls bei jedem auf Interesse. Als Branchenfremdling kommen Sie oftmals leichter dran und können sie demjenigen, dem Sie Gutes tun wollen, zuschanzen.

Empfehlen: Wenn Sie wissen, dass ein Netzwerkmitglied gut auf seinem Gebiet ist, können Sie es bedenkenlos weiterempfehlen. Beispiel: Sie kriegen mit, dass eine Firma unzufrieden mit ihrem Webauftritt ist. Sie wissen, dass sich ein Clubmitglied in dem Bereich gerade selbstständig gemacht hat und seinen Job beherrscht. Stellen Sie den Kontakt her.

Verbindungen schaffen: Eben dieser Webdesigner ist zusammen mit Ihnen auf einem Kongress. Sie treffen dort den Marketingchef eines großen Konzerns. Stellen Sie die Herren einander vor. »Das ist Kai Krüger. Spitzen Webdesigner. Hat unseren Club-Auftritt gestaltet. Vielleicht interessant für Sie, Herr Brandner?« Das ist viel mehr als nur »Herr Brandner, das ist Herr Krüger. Herr Krüger, das ist Herr Brandner.« Für Sie als gestandene Persönlichkeit mag es auch ein Leichtes sein, einem vielversprechenden Newcomer einen Kontakt zur Presse oder zu einem neuen Auftraggeber herzustellen.

Eine Plattform verschaffen: Angenommen, Sie planen eine Podiumsdiskussion zum Thema »Erfolgswege« mit hochkarätiger Besetzung. Vielleicht bietet sich hier eine gute Möglichkeit, einen engagierten Neuling zu platzieren, von dem Sie wissen, dass er schon lange darauf brennt, öffentlich aufzutreten.

Vorzugskonditionen geben: Gerade, wenn dies von anderen nicht erwartet wird, ist es einfach nett, Entgegenkommen zu zeigen: Clubmitgliedern einen Rabatt oder ein extraschönes Zimmer zu geben, sie am Flughafen abzuholen oder eben einfach an Kleinigkeiten zu denken, die helfen und Freude machen.

Einen Gefallen tun: Ob es darum geht, einen Artikel Korrektur zu lesen, eine Zeichnung zu machen, eine CD zu brennen, jemanden auf eine VIP-Veranstaltung mitzunehmen, Buchtipps zu geben, Prospekte zu verteilen, eine Mitfahrgelegenheit anzubieten (E-Mail: »Fahre mit dem PKW zur CeBIT nach Hannover und kann noch zwei Personen mitnehmen«), VIP-Karten oder Messegutscheine übrig zu haben und verschenken zu wollen oder vieles mehr. Denken Sie an Ihre Club- und Netzwerkkollegen: Oft ist es nur eine Kleinigkeit, mit der wir anderen einen riesigen Gefallen tun.

Aufmerksamkeit schenken: Ob Geburtstag, Hochzeit, Firmenjubiläum, Geburt eines Babys oder Trauerfall – zeigen Sie Gefühle und nehmen Sie Anteil. Das sind ganz normale Anlässe und man sollte annehmen, dass fast jeder diese Gelegenheit ergreift. Pustekuchen! In maximal fünf Prozent aller aktiven Geschäftsbeziehungen machen sich die Beteiligten die Mühe, auf Anlässe wie diese zu reagieren. Der Rest verpennt diese und andere Chancen. Der Online-Business-Club Xing weist jedes Mitglied aktuell auf die Geburtstage der persönlichen Kontakte hin. Man hat nun einfach die Möglichkeit, einen persönlichen Gruß zu formulieren und sogar ein Geschenk zu versenden. Einfacher geht es wirklich nicht mehr. Nur: Wie viele Karten / Geschenke haben Sie bekommen / geschickt?

Feedback geben: Noch ärger wird es beim Thema Feedback. Wir alle lechzen nach Lob, kriegen nie genug davon und sind dann aber selbst knickrig. Gratulieren Sie Kollegen, Kunden, Freunden, Verbündeten zu einem Artikel. Loben Sie eine tolle Rede. Verteilen Sie Komplimente bei allem, was Ihnen gefällt. Freuen Sie sich offensichtlich mit, wenn jemand, den Sie kennen, zum Manager des Jahres gekürt wird, das Bundesverdienstkreuz verliehen bekommt oder in den Bundestag einzieht.

Das Geheimnis guter Beziehungen – SMILE & ASK

Sei freundlich	**A**nbieten: Frage, was du für andere tun kannst
Mutig und	**S**prechen: Sage »danke schön«
Initiativ	**K**ontakten: Pflege Beziehungen regelmäßig
Lass die anderen wissen, was du tust	
Erkläre, was du brauchst	© Monika Scheddin

Volker Krass
Humor, Warmherzigkeit und Experimentierfreude

Dem Gründer der Krass Capital Group AG dient Networking als wichtiger Baustein seiner Venture-Unternehmen. Die wertschätzende Beziehungspflege entwickelte er nach Managementerfahrungen bei Peat Marwick, als Prokurist bei KPMG, als Partner von Ernst & Young und schließlich als Geschäftsführer von Capgemini. Der Vater von drei Kindern ist zudem Aufsichtsratsvorsitzender der frinch AG sowie Mitglied zahlreicher Präsidien, Beiräte und Organisationen.

Heute gehört die Beziehungspflege für den CEO Volker Krass zum Herzstück seiner unternehmerischen Aktivitäten. Die Bedeutung des aktiven Networkings erkannte er bereits in seiner Zeit als Geschäftsführer von Capgemini, zwei Jahre bevor er sich selbstständig machte: »Erfolgreich macht nicht das reine Abarbeiten von Projektenn sondern das Entwickeln von Kontakten«, resümiert Volker Krass. Zügig begann er daher mit dem Aufbau eines persönlichen Beziehungsnetzes, sodass er nach einem Jahr auf 50 persönliche Begegnungen kam und heute nach sieben Jahren auf über 500.

Intensive persönliche Treffen

»Bei der ersten Kontaktaufnahme bin ich erst einmal offen für jeden«, beschreibt Volker Krass sein Vorgehen. Als Unternehmer eines fünf Jahre alten familiengeführten Venture Capital-Gebers, der im Bereich Erneuerbare Energien und Informationstechnologie investiert, sind seine Anforderungen an das Networking klar umrissen: »Von der ersten Idee über das Geschäftsmodell bis zur Unternehmensgründung brauche ich Menschen, denen ich wirklich vertrauen kann. Worin jemand gut ist und ob man Vertrauen haben kann, findet man nur im persönlichen Gespräch heraus.« Das geht nicht über Facebook, ist Volker Krass überzeugt, Xing und Linked hingegen benutzt er gezielt: »Die Informationen, die die Leute dort selbst eingepflegt haben, sind der Ausgangspunkt, aus dem sich etwas ergeben kann. Für ein vertrauensvolles Netzwerk ist dann allerdings das persönliche Gespräch notwendig. Es fängt oft so an, dass man sich auf einer Veranstaltung unterhält und das Bedürfnis hat, dies weiter zu vertiefen.« Diese ersten Kontaktgespräche bereitet Volker Krass gut nach, trägt in seine Excel-Liste »Physical Meetings« ein, wen er wann getroffen und welche Funktion sein Gesprächspartner in welchem Unternehmen hat. »Alle Kontakte meines persönlichen Beziehungsnetzwerks pflege ich aktiv, d. h. ich maile und telefoniere nicht nur, sondern treffe mich regelmäßig. Auf einer Delegationsreise beispielsweise mit 30 bis 50 Personen, dann komme ich vielleicht drei bis vier Tage gar nicht dazu, dafür gehe ich dann mit zwei bis drei Leuten zum Mittagessen. Im Durchschnitt komme ich damit auf zwei persönliche Treffen am Tag.« Das Vorgehen beim Netzwerken als Angestellter oder Selbstständiger ist im Prinzip das gleiche, so der Unternehmer: »Als Angestellter ging es mir mehr um große Unternehmen und um Kontakte auf gleicher oder besser auf höherer Ebene. Als Selbstständiger sind für mich Hierarchien nicht mehr so wichtig, denn auch auf unterem Level kann jemand interessant sein, weil er gute Ideen hat und fachlichen Input geben kann. Zudem muss man als Angestellter oft bestimmte Beziehungen pflegen, als Selbstständiger habe ich mehr Freiheiten.«

»Ich gebe ohne Erwartungen«

Nicht nur am Anfang, sondern auch im weiteren Austausch zeigt sich Volker Krass großzügig: »Wenn ich jemanden leiden mag und er Unterstützung benötigt, gebe ich ihm meine vollständige Kontaktliste. Allerdings nur Namen und Firmenanschrift. Wir gehen sie dann gemeinsam durch, wer ihm weiter helfen könnte und ich leite den Kontakt ein.« Seine Devise: »Ich gebe, weil ich möchte, ohne zu fragen, ob etwas zurückkommt. Ich messe es nicht. Ich gehe auf die Leute zu, wenn ich dazu Lust habe und akzeptiere es, wenn ich mal keine habe. Heute Abend z. B. wäre ein Rotary-Treffen und eine andere Sitzung, die ich beide ausfallen lasse, weil ich morgen mit einer Delegationsreise des Wirtschaftsministeriums nach Istanbul reise; der heutige Abend gehört der Familie.« Wichtig ist für Volker Krass, offen und natürlich auf Menschen zuzugehen – nach Albert Schweizer: »Viel Kälte ist unter den Menschen, weil wir nicht wagen, uns so herzlich zu geben, wie wir sind.« Das beschreibt Krass genauer: »Ich beobachte als Vater dreier heranwachsender Jungen, dass Coolness oft mit Seriosität verwechselt wird. Das stimmt aber nicht. Aufmerksamkeit, Höflichkeit und Aufgeschlossenheit sind die Basis für eine gute und vertrauensvolle Zusammenarbeit.«

Humor und Experimentierfreude

Volker Krass rät beim Networking von festen Erwartungen ab: »Mein Vater sagte früher: ›Wer mit beiden Beinen fest auf den Füßen steht, kann noch nicht einmal die Unterhosen wechseln.‹« Schließlich hat er die Erfahrung gemacht, dass sich oft ganz unerwartet interessante Gelegenheiten ergeben: So etwa bei einer Reise mit seinem Geschäftspartner Michael Kernas nach Bulgarien. Beide hatten den ganzen Tag lang wegen einer Unternehmensbeteiligung mit den Geschäftspartnern vor Ort diskutiert. Am Ende hieß es, sie könnten danach noch Freunde treffen. Nur aus Höflichkeit sagte Volker Krass zu. Dort lernten sie dann den ehemaligen Chef der Baupolizei kennen, der Zugang zu riesigen Flächen für die geplanten Photovoltaik-Projekte hatte. »Daraus ist ein erfolgreiches Venture entstanden, das wir schließlich mit gutem Erfolg verkauft haben«, folgert Volker Krass: »Man muss für Gelegenheiten offen sein.« Und auch an ein anderes überraschendes Erlebnis erinnert er sich lachend: Als Geschäftsführer von Capgemini war er einmal bei einer Veranstaltung der American Academy am Wannsee in Berlin eingeladen. »Der damalige Chef der City Bank, Sandy Weill, war angekündigt und ich erwartete eine riesige Veranstaltung.« Er fuhr vom Hotel am Ku'damm mit dem Taxi raus, kam zu früh an und machte noch einen kleinen Spaziergang am See. Als er schließlich pünktlich an der Tür klingelte, empfing ihn ein Mann mit einer Taschenlampe. Dieser kontrollierte die Teilnehmerliste, ließ ihn schließlich rein und führte ihn in den Garten. Hinter den Büschen raschelte es. Lufthansa-Chef Jürgen Weber war schon vor ihm eingetroffen. Dann kamen noch 30 weitere hochrangige Manager aus der Industrie. »Nach drei Stunden war alles zu Ende. Die Gäste wurden von ihren Fahrern zurückgefahren, nur ich mit dem Taxi. Alle hatten sich gekannt und untereinander ausgetauscht. Ich hatte es völlig falsch eingeschätzt: Weil ich dachte, es wäre eine beliebige Großveranstaltung, bin ich eigentlich nur widerwillig gekommen. Mich hat dann aber beeindruckt, wie offen und natürlich alle miteinander umgingen und sich auch in Zweiergesprächen gegenseitig zu Rate zogen.« Die Beziehung zu ausgewählten Kontakten aus dieser Veranstaltung pflegt Krass heute noch.

Auswahl der Netzwerke

Bei der Auswahl seiner Netzwerke entscheidet Volker Krass spontan: »Ich suche mir die Netzwerke nach dem Lustkriterium aus. So bin ich seit elf Jahren

81

überzeugter Rotarier. Der Rotary Club wird von außen oftmals als elitär angesehen, die einzelnen Clubs unterscheiden sich hier aber sehr. In unserem Club ergeben sich immer wieder Möglichkeiten, auch persönliche Anliegen auszutauschen. Natürlich hat man die Möglichkeit, auch geschäftliche Dinge untereinander zu besprechen – dann aber meist außerhalb der regulären Meetings. Insgesamt gibt es allein in Deutschland rund 20 000 Rotarier. Ihre Privatadressen, Mails und Telefon-Nummern erhalten die Mitglieder – sortiert nach Club – einmal im Jahr in der 2 000-seitigen Rotarier-›Bibel‹ in DIN A 5-Format. Diese Kontaktdaten werden natürlich nicht nach außen gegeben.« Auch in der American Chamber ergeben sich sehr gute Kontaktmöglichkeiten, so seine Erfahrungen, denn das Netzwerken werde regelrecht erwartet: »Es gibt auch hier ein Jahrbuch mit allen Visitenkarten und im Rahmen zahlreicher Treffen viele wunderbare Gelegenheiten, mit den Mitgliedern zusammenkommen.« Als Gründungsmitglied des BdW – Beirat der Wirtschaft e. V. (Bundesverband für Nachhaltigkeit und ökosoziale Marktwirtschaft) – bringt sich Volker Krass schließlich als Mitglied des Bundespräsidiums und auch als bayerischer Landespräsident ein. »Ich bin aber auch schon aus Netzwerken ausgetreten, die nicht viel bringen.« Zu diesem Schritt entscheidet er sich, wenn ihm die Veranstaltungen, Themen oder Menschen nicht zusagen. »Einen Kontakt breche ich aber nur bei gravierenden Störungen völlig ab.«

Mit Smalltalk geistreich nett sein

Selbst ausgefuchste Kommunikatoren hassen ihn wie die Pest: den Smalltalk. Grund: zu hohe Anforderungen an sich selbst, zu wenig Gelassenheit, manchmal vielleicht auch eine verbesserungsbedürftige Haltung. Smalltalk bedeutet kleine Rede. Klein im Sinne von Dauer, vielleicht von Gesprächstiefe oder Fachrelevanz. Aber für einen guten Smalltalker ist ein Smalltalk niemals klein im Sinne von Respekt, Wertschätzung oder Interesse gegenüber dem Gesprächspartner. Viele haben Angst vor einer Blamage. Der empfundene Zwang, schnell etwas Kluges sagen zu müssen, um einen guten Eindruck zu machen, blockiert. Verständlich daher der Wunsch nach todsicheren Themen.

Stellen Sie sich einmal folgende Situation vor: Sie sind auf Ihrem ersten Netzwerktreffen und Ihr Gegenüber kommt direkt ohne Umschweife, ohne Smalltalk zur Sache? Wie würden Sie sich fühlen? Unwichtig, als Person nicht wahrgenommen, überrumpelt? Um dieses schlechte Gefühl zu vermeiden, gibt es den Smalltalk. Der Smalltalk ist eine typische Aufwärm-Phase, ein Starter, der vermeidet, dass Sie mit der Tür ins Haus fallen müssen. Er signalisiert persönliches Interesse am Gegenüber. Er ist ein Zeichen von Respekt, Anerkennung und guten Umgangsformen. Zudem ist erwiesen, dass der erste Eindruck nur zu sieben Prozent davon abhängt, was Sie sagen, während 38 Prozent die Stimme und sogar 55 Prozent Erscheinung und Körpersprache ausmachen. Vergessen Sie also zunächst einmal die »intelligenten« Smalltalk-Themen. Es ist fast völlig egal, was Sie sagen, solange Sie es nett und freundlich tun. Zwar ist dann allerdings nach spätestens zehn Minuten eine inhaltliche Steigerung angebracht, doch viel wichtiger ist in der Anfangsphase die Erscheinung insgesamt:

- Wirkt mein Gesprächspartner sympathisch? Wie ist der Händedruck: verbindlich und fest, zu lasch oder quetscht er meine Hand?
- Ist das Gegenüber overdressed oder underdressed?
- Weitere Blickfänge sind: zu viel Schmuck, abgekaute Fingernägel, ungepflegte Zähne, ungeputzte Schuhe, nicht ausrasierter Nacken bei den Herren, fehlender Blickkontakt oder ein fehlendes Lächeln, hektisch-nervöse oder souveräne Wirkung, devotes oder selbstbewusstes Verhalten. All diese Dinge fallen wesentlich stärker ins Gewicht als der vielleicht wenig geistreiche Anfangssatz.
- Selbst die Stimme ist gewichtiger als der Inhalt: Es macht einen Unterschied, ob Sie zu leise, zu laut, undeutlich oder viel zu schnell und ohne Punkt und Komma sprechen, oder ob Sie sich stimmlich an Ihr Gegenüber anpassen können, kurze Sätze bilden und deutlich sprechen.

Vorbereitung des Smalltalks

Guter Smalltalk beginnt lange, bevor auch nur ein Wort fällt. Nämlich mit der Vorbereitung. Zu Hause oder im Zug, im Kopf, besser noch auf Papier. Es macht einen ganz entscheidenden Unterschied, wie Sie drauf sind, was Sie erwarten und welche Erfahrungen Sie in puncto Smalltalk bereits gemacht haben.

90 Prozent der Wirkung in der Kommunikation werden nicht über Worte, sondern über die Körpersprache vermittelt. Da kann ich noch so hübsche, intelligente, ausgetüftelte und sorgfältig auswendiggelernte Worte benutzen, meine Körpersprache wird meine wahre Einstellung immer enttarnen. Legen Sie sich eine kommunikationsstärkende Haltung zu, wenn Sie wissen, dass Sie auf ein Netzwerktreffen gehen.

Äußerst unklug kann eine passive Haltung à la »Schauen wir mal, was passiert«

sein. Denn damit lassen Sie es zu, dass andere Menschen oder die Umstände über Ihr Wohl und Wehe entscheiden. Prima für eine erste Orientierung, schlecht, wenn Sie Ziele verfolgen. Wenig hilfreich ist auch die Einstellung »Sind sicher wieder nur Labertaschen und Schwachköpfe da heute Abend!«. Dann sollte man sich die Veranstaltung sparen, den Umgang wechseln und / oder an der eigenen Haltung arbeiten.

Kommunikationsziele für den Netzwerkbesuch

- Offen sein: Mit einer positiven Einstellung ist es leichter, auf Menschen zuzugehen. Motivieren Sie sich für neue Begegnungen: »Ich bin ganz gespannt, wen ich heute kennenlerne!«
- Ein Ziel haben: Nehmen Sie sich bewusst etwas vor. »Hey, heute gehe ich's an. Ich werde nicht mehr stumm in der Ecke stehen und frustriert nach Hause marschieren. Heute warte ich nicht ab, sondern gehe aktiv voraus. Heute spreche ich mindestens zwei Unbekannte an.«
- Ein »Nein« akzeptieren: Mit dieser Haltung können Sie ganz vergnügt nahezu alles fragen (»Was waren die drei wichtigsten Entscheidungen, bis Sie Ihre erste Million hatten« oder »Ich würde gerne von Ihnen lernen. Darf ich Sie zum Essen einladen und dabei ein paar Fragen stellen?«). Und häufig bekommen Sie (passende) Antworten, gerade weil Sie sie nicht erwarten. Ihr Gegenüber spürt sofort, ob Sie insgeheim beleidigt auf einer Antwort bestehen oder ob Sie eine mutige Person sind, die es einfach versucht.

Wenn Sie am Ort des Netzwerkgeschehens angekommen sind, nehmen Sie sich die Zeit, sich richtig umzusehen. Verschaffen Sie sich erst einmal eine zentrale Position (sehen und gesehen werden) und damit eine gute Übersicht. Nehmen Sie alles genau wahr: vom Groben zum Feinen. Lassen Sie erst einmal alles auf sich wirken, indem Sie Ihre Sinne bemühen: Wie viele Menschen sind da? Was tun sie? Nehmen Sie vertraute Gesichter wahr? Wie ist die Stimmung?

Der Gesprächseinstieg

Nun gilt es, aktiv zu werden und in ein Gespräch einzusteigen. Grundprinzip ist das Suchen und Finden von Gemeinsamkeiten. Sie haben stets drei Möglichkeiten, an einem Gespräch teilzunehmen: mit einem Statement, einer Frage oder einer Geste. Letztere sind in jedem Fall die besseren Gesprächseinstiege: »Wie war Ihre Anreise?« – »Wo findet der Vortrag statt?« – »Wer wird heute die Antrittsrede halten?« – »Was machen Sie beruflich?« Wählen Sie offene Fragen: wer, wie, wo, was, wann, welche …? So motivieren Sie Ihr Gegenüber zu einer Antwort. Geschlossene Fragen hingegen sind für einen Smalltalk nicht geeignet, weil sie nicht zum Ausholen einladen.

Gesten, zum Beispiel das Anprosten, verbinden sofort und werden in der Regel nicht abgewiesen. Bei Menschen mit guter Wahrnehmung und gesellschaftlichem Feinschliff reicht es schon aus, wenn die Tischnachbarin ganz offensichtlich nach Salz und Pfeffer sucht. Die Reaktion darauf, das Anreichen, ist ein Klassiker unter den Smalltalk-Einstiegen. Auch die persönliche Vorstellung ist immer ein ganz guter Gesprächsanfang. Wenn Sie sich vorstellen, sollte es Ihr Ziel sein, auch namentlich in Erinnerung zu bleiben. Also hauchen oder nuscheln Sie Ihren Namen nicht irgendwo hin, sondern schauen Sie Ihren Gesprächspartner an (ins Gesicht!), lassen Sie Ihre Augen und Ihren Mund lächeln und stellen sich nach der James-Bond-Regel vor: »Guten Abend! Mein Name ist Bürger. Peter Bürger.«

Bevor Sie dann mehr oder weniger verzweifelt nach intelligenten Smalltalk-Themen suchen, konzentrieren Sie sich lieber darauf, was Sie von Ihrem Gesprächspartner erfahren können. Was Sie davon haben? Vielleicht vergrößern Sie mit Ihren Fragen nur Ihr »unnötiges Wissen«. Vielleicht erhalten Sie aber auch die eine oder andere inspirierende Antwort. Auf jeden Fall hatten Sie ein interessantes, vielleicht amüsantes Gespräch und Ihren Spaß.

Smalltalk-Themen

☺ Wetter, Hobbys, Verkehrslage, Urlaub, Aktuelles, Essen und Trinken, Musik, Kino, Kunst, Kultur, Kinder, Gemeinsamkeiten

☺ Aussehen, Beziehungen

☹ Politik, Geschmack, Geld, Religion, Moral, Werte, Krankheiten, Tod und alles Unappetitliche

→ **Gemeinsamkeiten zum Thema machen – Trennendes ignorieren!**

Grundsätzlich kann fast jedes Thema ein gutes oder schlechtes Smalltalk-Thema sein. Wir wissen zunächst ja nicht, auf welchen Menschen in welcher Lebenssituation und mit welchen Interessen wir treffen. Erfahrungen und Untersuchungen zeigen, dass es dennoch Themen gibt, die für den Erstkontakt besser oder weniger gut taugen.

Mit folgenden Einstiegssätzen kann man kaum etwas falsch machen:

»Ich hätte nicht geglaubt, dass heute soviele Menschen da sind bei diesem tollen Wetter. Sie?«

»Können Sie mir den Rotwein empfehlen?«

Vorsicht ist angebracht bei Fragen oder Bemerkungen zum Aussehen oder zu Beziehungen. Feststellungen wie »Mein Gott, Sie haben aber tüchtig abgenommen!« wird von dem einen als Kompliment, vom Nächsten als Feststellung, vorher dick gewesen zu sein, gewertet. Auch Fragen wie »Ihre Frau hat Sie schon lange nicht mehr begleitet ...?« bringen manchen in unangenehme Erklärungsnöte.

Deplatziert sind folgende Äußerungen: »Mein Wein schmeckt ausgezeichnet. Aber finden Sie nicht auch, acht Euro für ein Glas Wein ist völlig überzogen?« Selbst wenn Ihr Gesprächspartner Ihnen höflich beipflichtet, haben Sie sich soeben als Miesepeter und Geizkragen geoutet.

Das Gespräch beleben und bereichern

Für den Win-Win-gewohnten Netzwerker ist dieses Stadium des Smalltalks schon Kür und nicht länger Pflicht: Bereits indem Sie echtes Interesse zeigen, zuhören und Fragen stellen, beleben Sie das Gespräch. Erfahrungsschätze, Beispiele, Geschichten und Anekdoten aus dem (Berufs-)Leben bringen Pep in den Redefluss. Komplimente, Witze, Zitate und Trinksprüche geben dem Smalltalk ebenfalls Würze.

Komplimente: Verteilen Sie sie so oft wie möglich. Das gilt für den freundlichen Kellner, die Frau / den Mann, die Eltern, Kinder, Arbeitskollegen, Chefs, die kompetente Verkäuferin. Einige Komplimente für Ihre Inspiration:

- Vielen Dank für die zuvorkommende und schnelle Bedienung.
- Tolle Krawatte! (Hübsche Kette, originelle Brille, toller Ring, faszinierende ...)
- Das Rot steht Ihnen ganz wunderbar!
- Es ist etwas ganz Besonderes für mich, wenn ich morgens ins Büro komme und es duftet schon nach Kaffee. Vielen Dank.
- Es macht Spaß, mit Ihnen zusammenzuarbeiten.
- Sie haben einen exzellenten Geschmack!

Aber als Komplimente gelten nur die, die man auch ganz genau so meint. Aufgesetztes, Auswendiggelerntes und Unaufrichtiges sollte man sich lieber sparen. Ganz wichtig: Schauen Sie Ihrem Gegenüber in die Augen. Nur wer angeschaut wird, fühlt sich auch wirklich gemeint.

Witze: »Ich kann mir Witze leider nicht merken!« Hand aufs Herz, das ist doch eine Ausrede. Sie konnten sich das Alphabet merken, Sie können vermutlich bis Tausend zählen und Sie können sich den Weg zur Arbeit merken. Sie wissen vermutlich außerdem, dass Lachen zu den besten Entspannungsmethoden zählt. Also finden Sie fünf stubenreine Witze und lernen Sie die auswendig. Und wenn die Situation es zulässt und Sie gut drauf sind, erzählen Sie sie. Das muss nicht morgen sein. Aber auch nicht erst nächstes Jahr. Hier also ein Beispiel für einen Witz, den man sich gut merken kann.

Ein Mann sitzt im Wohnzimmer. Plötzlich kriecht eine Schnecke vor seinen Füßen entlang. Völlig angeekelt nimmt der Mann die Schnecke und schmeißt sie aus dem Fenster. Ein Jahr später klingelt es und die Schnecke steht vor der Tür. Empört ruft sie: »He, was sollte das denn gerade eben?«

Auch folgende (zugegebenermaßen etwas längere) Witze lassen sich gut merken:

Das Leben ist ungerecht
Eine ältere, verarmte Dame sitzt in ihrer Wohnung und friert. Es ist Winter und sie hat nichts, um sich zu wärmen. Da schreibt sie dem Christkind einen Brief: »Liebes Christkind, bitte schenke mir zu Weihnachten einen Mantel. Mich friert so sehr und draußen ist es soooo kalt. Und ein Mantel kostet höchstens 100 Euro.«
Das Christkind liest den Brief und entscheidet: Dieser Frau muss geholfen werden. Es bittet das Finanzamt, der Dame 100 Euro zu schicken, weil es gehört hat, dass man dort Geld bekäme.

Auch beim Finanzamt stößt das Anliegen auf Mitgefühl und Verständnis. Der Sachbearbeiter sammelt unter den Kollegen und schickt der älteren Dame schließlich 70 Euro.

Die Dame öffnet den Brief, freut sich, setzt sich an ihren Schreibtisch und schreibt: »Liebes Christkind, ich danke Dir sehr für das Geld für einen Wintermantel. Bitte wähle das nächste Mal nicht den Weg übers Finanzamt, denn es wurden dort 30 Euro Steuern einbehalten.«

Der Eignungstest

Ein Besucher einer geschlossenen Anstalt fragt den Direktor, nach welchen Kriterien entschieden wird, ob ein Patient eingewiesen oder für gesund befunden wird. Der Direktor antwortet: »Wir füllen eine Badewanne und geben dem Probanden einen Teelöffel, eine Tasse und einen Eimer. Dann bitten wir ihn, die Badewanne zu leeren.« Der Besucher: »Ich verstehe. Ein gesunder Mensch würde den Eimer nehmen, richtig?« Der Direktor: »Nein, ein gesunder Mensch würde einfach den Stöpsel ziehen! Möchten Sie ein Zimmer mit oder ohne Balkon?«

Nicht schämen!

Der Sohn eines arabischen Scheichs studiert in Paris. Nach einem Monat schreibt er nach Hause: »Paris ist wunderschön, die Menschen sehr angenehm und es gefällt mir hier ausgesprochen gut. Nur ab und zu schäme ich mich, wenn ich zur Uni mit meinem vergoldeten Mercedes fahre und einer meiner Professoren gerade aus der Straßenbahn aussteigt.« Nach ein paar Tagen folgt ein Scheck über 1 Million Dollar und eine kurze Nachricht von den Eltern: »Mach uns keine Schande! Kaufe Dir auch eine Straßenbahn!«

Warum manche Kühe keine Hörner haben

Ein Minister (der Name ist der Autorin bekannt) besichtigt einen Vorzeige-Biobauernhof und lobt dabei die artgerechte Haltung der Tiere. Zum Abschied deutet er jedoch auf eine Weide und fragt den Biobauern: »Sagen Sie mir doch bitte: Warum hat diese arme Kuh denn keine Hörner?«

Darauf der Bauer: »Nun, es gibt mehrere Möglichkeiten, warum eine Kuh keine Hörner hat. Es kann sich beispielsweise um einen Geburtsfehler handeln. Oder die Kuh hat sich die Hörner abgestoßen. Es ist natürlich auch möglich, dass der Besitzer der Kuh die Hörner abgesägt hat, um vor Verletzungen zu schützen. Aber in diesem speziellen Fall handelt es sich um ein Pferd!«

Zitate: Bei Zitaten empfiehlt es sich, einen eigenen, ganz persönlichen Zitatschatz zu besitzen. Und wenn eines Ihrer Zitate passt, dann bringen Sie es an. Aber Vorsicht: Achten Sie auf Anlass, Authentizität und Dosierung! Und nur dann. Platte Sätze wie »Je später der Abend ...«, »Wer nicht hören will, muss fühlen« oder »Wer anderen eine Grube gräbt, fällt selbst hinein« gehören auf jeden Fall nicht in die erste Liga. Professor Hermann Simon, ein kluger Kopf, hat eine Super-Zitatsammlung mit dem Titel »Geistreiches für Manager« zusammengestellt. Besonders hübsch finde ich diese Beobachtung von Danny Kaye: »Es gibt zwei Möglichkeiten, Karriere zu machen: Entweder man leistet wirklich etwas oder man behauptet, etwas zu leisten. Ich rate zu der ersten Methode, denn hier ist die Konkurrenz bei weitem nicht so groß.«

Der Gesprächsausstieg

Stellen wir uns weiterhin einen Netzwerkabend Ihres Business-Clubs vor. Sie haben sich vorgenommen, mit dem Vorsitzenden und der Pressefrau ein, zwei Dinge zu besprechen, Herrn Rechtsanwalt Huber nach einem Kollegen für Verkehrsrecht zu fragen und – bevor Sie sich endgültig mit Herrn Steuerberater Thalhauser zum Klönschnack an die Bar absetzen – zwei neue Kontakte zu schaffen. Mit dem ersten – der Marketingchefin der Messe XY – haben Sie schon einige Informationen nebst Visitenkarten ausgetauscht. Für den Anfang sind Sie zufrieden und wollen nun den zweiten neuen Kontakt knüpfen.

Um aus einem Gespräch auszusteigen, gibt es unterschiedliche Möglichkeiten. Besonders charmant und wertschätzend ist es, wenn Sie Ihren »Ausstieg« ankündigen, zum Beispiel indirekt durch Ihre Körpersprache, indem Sie die Distanz vergrößern, sich leicht wegdrehen, sich sehr kurz fassen, schneller sprechen, oder ihn direkt verbal mitteilen: »Danke für das interessante Gespräch. Bevor ich mich von Ihnen verabschiede, erlauben Sie mir eine letzte Frage.« Als weitere Ausstiegsvarianten kommen in Frage:

- Sich in einem günstigen Augenblick einfach aus der Gruppe ausklinken.
- Ehrlich sein: »Hat mich sehr gefreut, Sie kennengelernt zu haben. Jetzt möchte ich gerne noch andere Teilnehmer begrüßen.«
- Ohne Erklärung: »Darf ich mich entschuldigen?«
- Ablenken: »So. Jetzt sterbe ich vor Hunger und muss ans Büffet!«
- Notlüge: »Ich bin mal kurz für kleine Jungs!«

Kommunikationsherausforderung

Wenn wir wahrgenommen werden und Antworten erhalten wollen, müssen wir herausfinden, welches Medium unserem Gesprächspartner am meisten zusagt.

Der eine reagiert auf E-Mails zügig. Der andere ignoriert sie.

Die eine ist telefonisch gut erreichbar, der nächste lässt immer nur die Mailbox ran.

Der eine ist auf Facebook aktiv, die andere konsumiert nur.

Der nächste ist nur für persönliche Gespräche zu haben.

Als ein Geschäftspartner mehrfach meine Mails nicht beantwortete, rief ich ihn am Wochenende privat an und das funktionierte bei ihm hervorragend. Nach der gängigen Business-Etikette eigentlich ein absolutes »no go!«. Dennoch erfolgreich.

Regel: Wenn ein Kanal nicht funktioniert, probieren Sie einen neuen aus.

Üben Sie sich in Smalltalk

Smalltalken ist weniger eine Frage des Könnens als eine Frage des Wollens und der Haltung. Wenn Sie sich für Menschen interessieren (und nicht nur für potenzielle Geschäftspartner) und Sie vergnügt, spielerisch und ein wenig mutig an die Sache herangehen, haben Sie alles, was Sie für einen guten Smalltalk brauchen. Üben Sie dort, wo das Risiko am geringsten ist. Zeigen Sie sich kreativ. Und erfahren Sie von der Toilettenfrau im Hotel, welch illustre Gäste gerade im Hause sind, welche Promis sie schon bedient hat, wer am meisten Trinkgeld gibt, welche Firmen gerade zu welchen Themen tagen, welche Messen stattfinden, wie viel Prozent der Männer Sitzpinkler sind oder sich nachher die Hände waschen und erfahren Sie vielleicht, dass die Toilettenfrau eine promovierte Ärztin aus Kenia ist, die auf ihre kassenärztliche Zulassung wartet. Gut. Sie sollen sich ja nicht immer und jederzeit mit Toilettenfrauen oder Toilettenmännern unterhalten. Aber üben und Chancen nutzen könnten Sie schon. Das war ja nur ein Beispiel. Es gibt noch eine Menge ähnlich spannender Spielplätze. Wer jedoch die Nase rümpft und sich für etwas Besseres hält, wird kein guter Smalltalker werden können.

Die Regeln des Smalltalks

Blickkontakt halten	Nur wer angeschaut wird, fühlt sich auch gemeint. Ein Blick unter Fremden wird erst bewusst registriert, wenn er mindestens drei Sekunden andauert.
Bloß nicht	über den Gesprächspartner zwecks Suche nach »besseren Opfern« hinwegschauen. Schlecht über andere sprechen, insbesondere über Anwesende. Offensichtliches Desinteresse an der anderen Person zeigen. Einem alten Branchenhasen etwas erzählen wollen.
Fragen	W-Fragen – mit Ausnahme von »warum« – stellen. Auf geschlossene Fragen verzichten. Höchstens zwei Fragen nacheinander. Antwort abwarten!
Hauen Sie den Doc nicht an!	Nehmen Sie die Visitenkarte des Arztes an. Aber besprechen Sie Ihr gesundheitliches Problem während eines Praxistermins. Gleiches gilt entsprechend für alle anderen Berufsvertreter.
Kavaliere der alten Schule haben gelernt,	dass ein Herr niemals eine Dame allein stehen lässt. Die zu verabschiedende Person in ein neues Gespräch vermitteln.
Lächeln	Kommt immer gut an, wenn es echt ist.
Pausen	Sind absolut in Ordnung und wichtig.
Redeanteil eines guten Smalltalkers	Bis 49 Prozent
Respektabstand	Eine Armlänge
Rücksicht	Nach wie vor trendy
Schlagfertigkeit	Kann man trainieren
Schüchternheit	40 Prozent aller Menschen halten sich für schüchtern. 40 Prozent sind es ab und zu, 20 Prozent nie. Also nur Mut! Sie befinden sich in bester Gesellschaft.
Smalltalk-Dauer	Fünf bis zehn Minuten
Smalltalk-Prinzip	Gemeinsamkeiten finden – Trennendes ignorieren
Smalltalk-Themen	Die besten drehen sich um alles, was man gemeinsam wahrnimmt (sehen, hören, erleben, riechen, schmecken).

Tagesschau-Deutsch	Ist eine gute Sprachbasis, weil es jeder verstehen kann.
Themenwechsel	Mit »apropos« können Sie sofort von Thema X zu Y wechseln.
Trainieren Sie Ihre Stimme und Ihre Artikulation	Wenn sie genuschelt wurde, verfehlt selbst die geistreichste Rede ihre Wirkung.
Trinkspruch	Einen guten sollten Sie drauf haben, zum Beispiel: »Man muss auch Nein sagen können. Hinein!«
Visitenkarten	Annehmen, mindestens zwei Sekunden anschauen, einstecken. Bitte keine Vermerke à la »der Kleine mit dem schütteren roten Haar« im Beisein Ihres Gesprächspartners auf der Karte notieren.
Wer bestimmt die Dauer des Smalltalks?	Regel: der Ranghöhere, der »Mächtigere«.
Witze	Fünf gute, stubenreine sollte man parat haben. Alltagsanekdoten kommen auch gut an.
Zitate	Persönliche Schatzsammlung mit Zitaten anlegen.

Kontakte pflegen

Da Sie sich nun regelmäßig auf ausgesuchten, wichtigen Netzwerkplattformen bewegen, sammeln Sie eifrig Visitenkarten. Es lohnt sich, diese Kontaktkärtchen systematisch zu sortieren und in die Kontaktpflege zu integrieren. Auch auf die Gefahr hin, dass ich beginne, Sie zu langweilen – ein klares Ziel hilft Ihnen ungemein bei der Entscheidung: Wessen Visitenkarte kann mir nutzen, welche nicht? Wer kann mich bei der Erreichung meiner Ziele unterstützen? In welchen Verteiler passt dieser Kontakt?

Visitenkartenausbeute regelmäßig sichten

Waren Sie auf einem Netzwerk-Event, sichten Sie Ihre Visitenkartenausbeute direkt am nächsten Arbeitstag. Entscheiden Sie sofort, welche Kontakte Sie in Ihre Datenbank aufnehmen und welche Visitenkarten Sie sofort wegwerfen. Der Klönschnack mit der netten, verheirateten Spezialistin für Hochsteckfrisuren oder mit dem lustigen Heiratsvorsorge-Versicherer hat vielleicht viel Spaß gemacht. Die Wahrscheinlichkeit, dass man sich je wieder trifft, geht jedoch gegen Null. Auch erscheint es eher unwahrscheinlich, dass Sie diese Kontakte einmal brauchen könnten. Übrigens: Befragungen meiner Seminarteilnehmer haben ergeben, dass viele Visitenkarten nur aus Höflichkeit und nicht aus echtem Interesse ausgetauscht werden. Die Gesprächspartner bringen es nicht fertig, ein elegantes Ende hinzulegen wie:»Das war ein nettes Gespräch. Vielen Dank. Ich wünsche Ihnen noch einen schönen Abend!« Stattdessen tun beide so, als ob es ein Wiedersehen gäbe. Das macht ihnen den Abschied leicht, wohlwissend, dass es kein Wiedersehen geben wird.

Kriterien für die Kontaktpflege

Also, gleich weg mit den Visitenkarten auch noch so netter Eintagsfliegen. Die anderen Adressen geben Sie sofort in Ihre Datenbank ein. Und wenn Sie das tatsächlich zeitnah tun, fallen Ihnen auch noch interessante Details zu den einzelnen Personen ein: wurde mir vorgestellt von Herrn Z., Aussehen, besondere Kennzeichen (ganz in Rot gekleidet, höchstens 1 Meter 50 groß), Sternzeichen, Hobby, Handicap, liebt den »Schuh des Manitu«, hasst Zimt, sucht eine Wohnung, hat Interesse an einem Schnelllesekurs. Tragen Sie ein, was immer Ihnen interessant erscheint. Immer vermerken sollten Sie die Daten inklusive Jahreszahl. Im Regelfall teilen die Deutschen ihre Kontakte in Kunden und potenzielle Kunden (oder auch Interessenten) ein. Die Amerikaner hingegen ziehen eine viel knackigere Einteilung vor, nach der sie auch den Zeitaufwand für Kontakte zuordnen:

	Aufmerksamkeit / Zeitinvestition
VIPs	80 Prozent
Prospects	20 Prozent
Suspects	Null Prozent

© Monika Scheddin

VIPs: Hierzu zählen (Stamm-)Kunden, Referenzkunden, Wunschkunden, Multiplikatoren, persönliche Verbündete. Sie könnten hier Ihre ganz persönlichen Top Ten (oder Top 50 oder Top 100) eingruppieren. Die Summe aller VIPs sollte 80 Prozent Ihrer Netzwerkzeit beanspruchen. Darin enthalten sind die unterschiedlichsten Möglichkeiten der Kontaktpflege. Intensität bei VIPs: monatlicher bis vierteljährlicher Kontakt.

Prospects: Hierzu gehören Nachwuchstalente, Menschen mit Potenzial, Rohdiamanten. Für die Prospects sollten 20 Prozent der Networkingzeit aufgebracht werden. Intensität: halbjährlich, mindestens jedoch jährlicher Kontakt.

Suspects: Aus dieser Gruppe lässt sich kein direkter, erkennbarer Nutzwert ableiten. Sie gehören zwar zur Zielgruppe, eine gemeinsame Sache erscheint aber eher unwahrscheinlich. Diese Adressen kommen üblicherweise in die Liste für Standardmailings und werden nach einer bestimmten Zeit automatisch aus dem Verteiler gestrichen, wenn kein Feedback kommt. Hierfür brauchen Sie keine Zeitinvestition einzuplanen.

Eigene Kriterien entwickeln

Es gibt eine Menge anderer, individueller Selektionskriterien, die Sie je nach Ziel, Angebot oder Branche für die Kontaktpflege entwickeln können. Infrage kommen zum Beispiel:

- Weihnachtskarte / Weihnachtsgeschenk ja oder nein?
- Einladung zum Bergwandern? Kaminabend?
- Einladung zum Firmenjubiläum, Tag der offenen Tür?
- Kriegt Veranstaltungsprogramm automatisch zugeschickt
- Kommt in den Newsletter-Verteiler
- VIP-Einladung

Neben individuellem, handverlesenem Auswahlverfahren bietet sich eine automatisierte Kontaktverwaltung an. Das heißt, Sie sollten von Anfang an bei jeder neuen Adresse entscheiden, welche der vorher festgelegten Kriterien auf sie zutrifft. Kriegt Herr Dr. Höppeldipöpp eine VIP-Einladung, passt Frau Müller in den Kaminabend-Kreis? Zeit und Mühe, die von Anfang an in die Verwaltung der Kontakte investiert werden, machen sich später beim mühelosen Ablauf in der Organisation x-fach bezahlt.

Der Rückzug aus Netzwerken

Wir leben in einem Prozess – die Dinge ändern sich. Irgendwann hat sich zum Beispiel die junge Führungskraft zum erfahrenen Manager gemausert. Und damit haben sich auch die Interessen verlagert: Themen wie Delegieren, Lampenfieber vor Präsentationen und Umgang mit Konflikten werden ersetzt durch Themen wie Prioritätenmanagement, Zukunftsgestaltung oder Work-Life-Balance. Der Nachwuchsführungskreis macht dem Managerzirkel Platz. Der Existenzgründer, der seinen Weg erfolgreich gegangen ist, braucht den Stammtisch für Existenzgründer nicht länger, weil er alles für ihn Wesentliche erfahren und umgesetzt hat (von der Gewerbeanmeldung bis zur Umsatzsteuervoranmeldung, vom Überbrückungsgeld bis zur Anmeldung bei der Berufsgenossenschaft). Die Mitgliedschaft in einem Unternehmerclub ist das nächste Ziel.

Doch selbst wenn sich Ihre Interessen und damit die Zielsetzung geändert haben, empfiehlt es sich, die geknüpften Kontakte beizubehalten und zu pflegen. Bestimmten Netzwerken, zum Beispiel den Berufsnetzwerken, sollten Sie die Treue halten, damit Ihnen weiterhin branchenaktuelle Informationen über die Mitgliederzeitung oder den E-Mail-Newsletter zugehen. Ich bin seit einigen Jahren Mitglied in einem Trainernetzwerk. An den regelmäßigen Treffs vor Ort nehme ich nur selten teil, da mir die Inhalte der Vorträge dort weitgehend bekannt sind und ein Austausch mit jungen Nachwuchstrainern für mich persönlich eher uninteressant ist. Selbstverständlich kann man immer etwas Neues (vielleicht gerade von Neuen) lernen, aber es hat einfach keine Priorität mehr. Dennoch bin ich weiterhin passives Mitglied, um die Idee meines Berufsnetzwerks zu unterstützen und gleichzeitig auf dem Laufenden gehalten zu werden, was die Kooperation mit anderen Netzwerken, die Schaffung von Qualitätskriterien oder etwaige Gesetzesänderungen angeht, die mich betreffen können. Und demnächst begibt sich meine Firma auf die Suche nach zwei Nachwuchstrainern. Schon klar, dass wir in genau diesem Trainernetzwerk beginnen.

Anders ist es hingegen bei exklusiven Wirtschafts- oder Gesellschaftsclubs: Sie gelten als Netzwerke auf Lebenszeit. »Wer einmal aufgenommen ist, der tritt in der Regel nicht aus«, so ein Vorstandsmitglied des renommierten Münchner Kaufmanns-Casinos. Die Mitgliedschaft in solchen Netzwerken endet dann satzungsgemäß erst mit dem Tod.

Was Sie vor einer Kündigung überdenken sollten

Stellen Sie sich vor, dass es bei Ihnen so weit ist, dass Sie über den Beitritt in ein anderes Netzwerk nachdenken. Bevor Sie Ihre gegenwärtige Mitgliedschaft überhastet kündigen, weil Sie sich keinen Nutzen mehr davon versprechen, überprüfen Sie Ihre Entscheidung noch einmal. Gibt es tatsächlich keinen Profit mehr, weil Sie zum Beispiel aus dem Netzwerk herausgewachsen sind? Oder haben Sie Ihre Interessen nicht ausreichend vertreten und die dort gebotene Plattform nicht genügend genutzt? Waren Sie zum Beispiel in den letzten Monaten überhaupt bei den Treffen anwesend?

Im zweiten Fall kann sich das Hinausschieben der Entscheidung um ein Jahr durchaus lohnen. Verhalten Sie sich in diesem Probejahr bewusst zielorientiert und aktiv: Informieren Sie die Teilnehmer Ihres Netzwerks darüber, wo Sie derzeit stehen, was Sie zu bieten haben und was Sie brauchen. Lassen Sie sich wieder regelmäßig blicken. Es lohnt sich auf jeden Fall, neue Möglichkeiten auszuprobieren und erfolgreiche Netzwerker zu kopieren oder deren Ratschläge für besseren Netzwerkerfolg einzuholen.

Wer selten bei Netzwerk-Veranstaltungen in Erscheinung tritt, aber dennoch hohe Erwartungen mitbringt, wird enttäuscht. »Da kommt man nur einmal jährlich, unterhält sich mit den Leuten, die man eh kennt, hat keine Visitenkarten oder Broschüren dabei, prahlt mit guten Geschäften. Wundert sich dann, das keine Geschäfte kommen und tritt dann nach zweijähriger Mitgliedschaft aus. Das hat mit Netzwerken nichts zu tun!«, beschreibt der Pressemann eines Marketingclubs ein solches Verhalten. Ähnliche Aussagen hört man aus den meisten Netzwerken. Nur etwa 20 Prozent der Mitglieder bleiben länger als zehn Jahre dabei. Einzige Ausnahme bilden die prestigeträchtigen Clubs mit hohen Aufnahmehürden und teurer Aufnahmegebühr. Es sind vor allem langjährige, routinierte Business-Netzwerker, die sich in der Regel als die erfolgreicheren Manager oder Unternehmer herausstellen. Und das ist nicht erstaunlich, gehören doch der sichere Umgang mit Menschen und Kontinuität zu den unverzichtbaren Erfolgskriterien. Ehe Sie Ihr Kündigungsschreiben aufsetzen, sollten Sie Ihre Beweggründe einer Prüfung unterziehen.

- Aus dem Verein oder Club herauswachsen und keinen Nutzen mehr haben: Das ist durchaus ein Kündigungsgrund. Doch keinen Nutzen zu erkennen, wenn er da ist und von anderen auch wahrgenommen wird, lässt sich nur als Dummheit oder mindestens als kurzfristiges Denken einstufen. Kündigen Sie in einem solchen Fall die Mitgliedschaft nicht, sondern arbeiten Sie daran.
- Keine Zeit für das Netzwerken? Seien Sie ehrlich. Keine Zeit heißt immer keine Priorität. Das allein ist kein Kündigungsgrund. Arbeiten Sie daran und holen Sie sich Ihren Netzwerkprofit.
- Sie fühlen sich als Außenseiter, die anderen sprechen Sie nicht an? Besuchen Sie einen Smalltalk-Kurs, aber kündigen Sie nicht. Denn das Gleiche wird Ihnen in einem anderen Netzwerk auch passieren, wenn Sie an Ihrem Verhalten nichts ändern.
- Sie haben kein Geld? Wer sich zweimal jährlich einen Urlaub leisten kann, hat Geld. Seien Sie also ehrlich sich selbst gegenüber. Wer tatsächlich einmal

Ebbe im Portemonnaie hat, kann vielleicht die Mitgliedschaftsgebühr für eine bestimmte Zeit aussetzen lassen; eventuell auch mit der Übernahme eines Ehrenamts verrechnen lassen. Oder er gründet ein eigenes kleines informelles Netzwerk, bei dem keine Kosten anfallen. Wenn Sie also tatsächlich netzwerken wollen, sollte der finanzielle Aspekt keinen Kündigungsgrund darstellen.

Sie ziehen in einen anderen Ort? Dies kann bei einem lokalen Netzwerk eventuell ein Kündigungsgrund sein. Denken Sie aber auch dann darüber nach, ob Sie nicht trotzdem in diesem Netzwerk bleiben wollen.

Die professionelle Kündigung

Aus guten Gründen und nach reiflicher Überlegung wollen Sie Ihre Mitgliedschaft nun kündigen. Professionell und meist auch erforderlich ist eine schriftliche Kündigung unter Wahrung der vereinbarten Kündigungsfristen. Haben Sie diese nicht parat, kündigen Sie »zum nächstmöglichen Zeitpunkt« oder »mit sofortiger Wirkung«. Ihr Verein oder Club wird entsprechend reagieren und den Zeitpunkt gemäß der Satzung festlegen beziehungsweise die »sofortige Wirkung« ablehnen, wenn die von Ihnen unterschriebenen Mitgliedsbedingungen etwas anderes sagen. Eine nachträgliche Kündigung ist in der Regel nicht möglich. Vielleicht erreichen Sie eine Kulanzlösung mit guten Gründen und viel Charme.

Kündigungsschreiben mit dem Ziel, einen guten Eindruck zu hinterlassen

Sehr geehrter Herr Dr. Schwarzenbach,
hiermit kündige ich meine Mitgliedschaft beim Business-Club XYZ fristgemäß zum 31.12.20xx. Sechs Jahre war ich sehr gerne Mitglied und habe wertvolle Erfahrungen gesammelt, gute Kontakte geknüpft, viel Neues gelernt und mich unter den Kollegen wohlgefühlt. Nun werde ich mit meiner Familie zumindest für die nächsten vier Jahre nach Japan übersiedeln, sodass ich weder den Pflichten eines Mitglieds nachkommen noch vom Club profitieren kann.
Ihnen persönlich möchte ich an dieser Stelle meinen ausdrücklichen Dank für Ihr tolles Engagement aussprechen. Sie leisten hervorragende Arbeit, haben den Club nach vorne gebracht und haben stets das Wohl der Mitglieder im Auge. Ihre fröhliche und wertschätzende Natur werde ich mit Sicherheit vermissen.

Sollte ich für den Club oder die Mitglieder etwas tun können, so bin ich zwar in Asien, aber nicht aus der Welt. Sprich: Ich stehe sehr gerne zur Verfügung. Anbei meine neue Visitenkarte für Sie.
Mit freundlichen Grüßen
Jens Schulten

»Man trifft sich wieder«, »Die Welt ist klein«. Das sind schlaue Allgemeinplätze, die wir noch von Oma kennen. Und sie treffen häufig zu. Verabschieden Sie sich also stets auf eine solche Weise, dass man sich mit gutem Gewissen wieder treffen und einander in die Augen sehen kann. Wer weiß, vielleicht entscheidet der ehrenamtliche Präsident des Ingenieurverbands XYZ demnächst über Ihre Bewerbung. In den meisten Fällen ist es nicht erforderlich, einen Kündigungsgrund anzugeben. Wer dies dennoch tut, sollte darauf achten, weder beleidigt noch beleidigend, weder beschuldigend noch unsachlich zu wirken. Die Regel lautet: Wer ehrlich Freundliches schreiben kann, sollte dies unbedingt tun. Wer sauer ist oder mit dem Vorstand auf Kriegsfuß steht, sollte besser keinen konkreten Kündigungsgrund angeben. Bleiben Sie immer sachlich und freundlich. Vorsicht: Schlechte Nachrichten und Gerüchte können sich in einem Netzwerk schnell multiplizieren. Wenn Sie also wirtschaftliche Gründe als Kündigungsgrund angeben, könnte die Vermutung aufkommen, Sie stünden kurz vor der Pleite. Achten Sie auch bei einer Kündigung auf Ihr Image. Wer würzige Worte mangels Musenkuss nicht über die Lippen bekommt oder wer sicherstellen will, dass keine Missverständnisse entstehen, der hält sich vielleicht lieber an die sachliche Version. Warum auch nicht: Zeit gespart für Schreiber und Leser.

Sachliche Kündigung

Sehr geehrter Herr Dr. Schwarzenbach,
meine Prioritäten haben sich geändert. Aus diesem Grund kündige ich meine Mitgliedschaft beim Business-Club XYZ fristgemäß zum 31.12.20xx und bitte um eine kurze Bestätigung.
Ihnen und den Clubmitgliedern wünsche ich weiterhin viel Erfolg.
Mit freundlichen Grüßen
Jens Schulten

Männer und Frauen netzwerken anders

Wer sich mit den Klassikern zum geschlechtsspezifischen Rollenverhalten wie »Männer sind anders. Frauen auch« von John Gray beschäftigt hat, sieht Klischees auch in puncto Netzwerken bestätigt. Während Frauen tendenziell gern miteinander reden – und zwar offen, ehrlich, persönlich und gefühlsbetont –, knüpfen Männer ihre Netzwerkbande gerne, indem sie gemeinsame Aktivitäten angehen. Ein Großteil der (fast ausschließlich männlichen) Crème de la crème der deutschen Wirtschaft läuft den New York Marathon, erklimmt gemeinsam Berggipfel, nimmt an Golfturnieren oder Ski-Cups teil. Nichts verbindet so sehr wie ein Teamspiel mit Pokalgewinn.

Der kleine Unterschied

Verhalten bei Netzwerktreffen: Frauen erscheinen gerne in letzter Sekunde, weil sie vorher noch brav die Ablage erledigt haben. Und genauso eilig verschwinden sie relativ schnell nach dem offiziellen Teil, um sich fleißig den Haushaltspflichten zu widmen. Der Verzicht auf den inoffiziellen Teil an der Bar bedeutet aber auch den Verzicht auf effizientes One-to-One-Networking im vertraulichen Rahmen. Das passiert Männern eher selten. Im Gegenteil: Oft schon seilen sie sich vorzeitig während des offiziellen Teils ab und genießen im Zweiergespräch den ersten Drink an der Bar.

Geschäftsverhalten: Bevor Frauen miteinander Geschäfte machen, schleichen sie verhältnismäßig lange um den heißen Brei herum. Aus Angst vor einem »Nein« trauen sie sich häufig nicht, um einen Gefallen zu bitten oder etwas zu verkaufen. Tendenziell kommen Männer schneller zur Sache und nutzen schnell ihre Chancen, ohne dass sie von lästigen Selbstzweifeln geplagt werden.

Männer kommen schnell zur Sache

Neulich beim inoffiziellen Freiberufler-Mittagsstammtisch: Zwei sich bislang unbekannte Rechtsanwälte erläutern ihre Fachgebiete. Der eine gibt sich als Spezialist für Markenrecht und Patente zu erkennen; und er wickelt auch Mietsachen und Verkehrsrecht ab. Aber ungern. Bei dem anderen Rechtsanwalt ist es genau umgekehrt. Ruckzuck erklärt Anwalt Nummer eins: »Miet- und Verkehrsrecht schicke ich dir.« »Und Marken und Patente schicke ich dir«, erwiderte Nummer zwei. Damit war man mit dem Thema durch und konnte sich den wirklich wichtigen Dingen des Lebens, nämlich Fußball, widmen.

Selbstdarstellung: Der maximale Übertreibungsfaktor bei Frauen liegt bei drei, bei Männern schon einmal bei zehn. Angenommen, ein weiblicher und ein männlicher Jungunternehmer machen beide den gleichen Umsatz von 900 000 Euro und ein Journalist würde anlässlich eines Interviews nach der Höhe des Umsatzes fragen. Da kann es schon passieren, dass die Frau mit roten Ohren und schlechtem Gewissen ein wenig schummelt und auf »eine knappe Million« Euro kommt, während der Mann sich ohne größere Skrupel auf 4,5 Millionen Euro hochdenkt. Weil er sich schon dort sieht, weil dort seine Geschäftspartner sind und weil er meint, dass es ihm zusteht. Schon klar, wer jetzt besser dasteht.

Auswärts essen: Frauen mäkeln schon einmal leicht am Essen herum und stören sich an überhöhten Preisen. Vielleicht, weil sie eine realistische und unbestechliche Haltung beweisen wollen. Bei Männern erlebt man dies eher selten, vielleicht weil sie nicht besser kochen können, vielleicht weil sie nicht den Eindruck erwecken wollen, sie könnten sich ein Glas Wein für neun Euro nicht leisten, vielleicht aber auch, weil sie diesbezüglich großzügiger sind. Wie auch immer: Es dürfte jedem klar sein, dass eine Flasche Cola im Supermarkt billig, im Restaurant teuer und im Edelschuppen sündhaft teuer ist. Fazit: Man zahlt eben auch für das Umfeld, in dem man sich aufhält. Das sollte man nie vergessen.

Das unterschiedliche Netzwerkverhalten von Frauen und Männern erklärt vielleicht auch, warum es Frauennetzwerke und Männerzirkel gibt: Es ist manchmal sehr entspannend, ohne »Dolmetscher« miteinander zu kommunizieren, sich einfach verstanden zu fühlen. Und auch für gemischte Business-Clubs gibt es wichtige Gründe: Sie repräsentieren die Alltagsrealität. Und muss man sich wirklich immer verstehen, solange man sich wertschätzt und respektiert?

Die Dos & Don'ts des Netzwerkens

Netzwerken gelingt, wenn diese sieben Regeln befolgt werden

1. Zeigen Sie Ihre guten Manieren. Sagen Sie rechtzeitig zu oder ab, wenn Sie eine Einladung bekommen. Melden Sie sich beim Gastgeber oder Empfang an, wenn Sie ankommen, und verabschieden Sie sich, wenn Sie gehen. Grüßen Sie Ihre Netzwerkkollegen, auch wenn Sie sie noch nicht kennen.
2. Werden Sie Mitglied und gehen Sie ein echtes Commitment ein. Dauerschnupperer und Rosinen-Picker kommen nicht wirklich voran.
3. Zeigen Sie Kontinuität: Kommen Sie regelmäßig zu den Netzwerktreffen. Wer nur einmal jährlich auftaucht, muss sich nicht wundern, wenn für ihn nichts läuft.
4. Übernehmen Sie ein Amt, um sich zu positionieren und um sich einen Namen zu machen. Zudem ist es klug, zumindest für eine Amtsperiode ein Ehrenamt zu übernehmen.
5. Seien Sie aktiv: Nutzen Sie Zeit und Gelegenheiten für sich und für andere.
6. Beherzigen Sie das Win-Win-Prinzip und achten Sie stets darauf, dass alle Beteiligten profitieren.
7. Kündigen Sie nicht voreilig. Selbst wenn Sie vielleicht zwei Jahre kaum Zeit hatten, so können die Prioritäten sich schnell wieder ändern. Und vergeben Sie sich nicht die Chance auf einen Jubiläumsauftritt.

Diese neun Netzwerksünden sollte man tunlichst vermeiden

1. Schlechtes Benehmen: Wer eine Anmeldung für unsinnig hält, zu grüßen »vergisst«, die Worte »danke« oder »bitte« nicht kennt, über den Redner herzieht, sich gnadenlos betrinkt, sich über Preise beschwert, Persönliches herumtrascht, Arroganz oder Neid zeigt, der Kellnerin auf den Hintern haut oder den Mann der Netzwerkkollegin anmacht, disqualifiziert sich schnell, denn auch ungehöriges Benehmen wird im Netz schnell verbreitet.
2. Beziehungen ausnutzen: zu früh, zu viel, zu oft, ohne sich zu bedanken.
3. Grenzen missachten: Hauen Sie den Doc nicht während eines Clubtreffens an. Er wird sich Ihren »komischen Leberfleck« gerne während der offiziellen Sprechstunde ansehen.
4. Mitgliedslisten weitergeben: Wer clubinterne Adressen oder gar Adresslisten weitergibt oder vielleicht nur »liegen lässt«, hat einen dicken Bock geschossen und das kostet die Mitgliedschaft.

5. Netzwerkkollegen schlechter als Fremde behandeln: Termine häufig verschieben, Versprechen nicht einhalten, ständig zu spät kommen, den Katzentisch im Restaurant zuteilen oder einen Sonderpreis angeben, der sich dann als Aufpreis entpuppt. Leider nicht ungewöhnlich. Aber auch hier gilt Gott sei Dank: keine Chance für die Oberliga!

6. Inkonsequentes Networking: schnell Mitglied werden wollen, nix mitkriegen und genauso schnell wieder austreten. Zu spät kommen, keine Unterlagen auslegen, keine Chancen erkennen und vor dem One-to-One-Treff an der Bar abhauen.

7. Kontakte verprellen: Wer vermittelte Kontakte schlecht behandelt, hat sich auf zweifache Weise selbstdisqualifiziert – sowohl beim Vermittler als auch beim Vermittelten.

8. Angebote mehrfach ablehnen: Das heißt, es sich für alle Zeiten verdorben zu haben.

9. Fehlende Kontinuität: Gut Ding will Weile haben. Wer mit der Brechstange netzwerkt, hinterlässt Scherben. Gönnen Sie sich mindestens zwei Jahre zum Beziehungsaufbau. Erst dann kommt die Erntezeit (nur in Ausnahmefällen früher).

Faustformel:

7 positive Kontakte und 2 Jahre Zeit = Beziehung ist erntereif

Wie Sie ein professionelles Netzwerk gründen, organisieren und stabilisieren

Ein Netzwerk gründen zum Nulltarif – klein, fein, mein!

Im nächsten Kapitel beschreibe ich sehr ausführlich, wie man ein professionelles Netzwerk gründen kann. Lassen Sie sich von dem Zeitaufwand und den Kosten nicht ins Bockshorn jagen. Denn Sie können auch eine Mini-Variante realisieren. Die Prinzipien bleiben die gleichen. Alles Beschriebene ist in abgemildeter Form für Ihr kleines Netzwerk anwendbar.

Ein Netzwerk muss nicht viele, sondern regelmäßige Veranstaltungen bieten. Einmal jährlich reicht manchmal schon aus.

Und Sie können es noch einfacher machen:

Zum Beispiel, indem Sie einmal jährlich einen Wiesntisch organisieren (also einen Tisch für zehn Personen auf dem Münchner Oktoberfest). Alles, was Sie dafür tun müssen, ist den Tisch zu bestellen und den Obolus von circa 60 Euro pro Person (für Essen und für die ersten zwei Maß Bier) vorstrecken. Und Sie müssen sich natürlich überlegen, wen Sie dabeihaben wollen.

Genau das machte Max, der an der Uni Köln BWL studiert hat. Er ist angestellt in einer mittleren Managementfunktion und fühlt sich im Unternehmen ganz wohl. Aber er hat verstanden, dass man auf Vorrat netzwerken soll. Und da demnächst im Konzern eine Umstrukturierung ansteht, ist ziemlich klar, dass Max einen neuen Vorgesetzten bekommt. Ob die Chemie stimmen wird?

Bis dato ist er ausschließlich mit Freunden nach München zum Oktoberfest gefahren. Drei von ihnen fallen dieses Jahr aus und werden durch Studienkollegen ersetzt. Die »alten« Studienkollegen sind heute in spannenden Unternehmen beschäftigt und könnten irgendwann einmal interessant werden. Aktuell feiert Max nur mit ihnen – aber er vernetzt sich mit ihnen auch auf Xing oder LinkedIn.

Netzwerken Sie auf Vorrat!

Jede Visitenkarte wird zumindest im Sozialen Netzwerk bestätigt und damit werden nahezu alle Kontakte online abgebildet. Auch wenn man dort nicht weiter aktiv ist – die Datenpflege übernehmen die Kontakte höchstpersönlich. Ohne jede Arbeit ist man stets aktuell.

Nach drei Jahren erfreut sich der jährliche Oktoberfest-Ausflug von Max so großer Beliebtheit, dass er noch einen zweiten Tisch dazu gebucht hat und ausgewählte Kollegen und Kunden einlädt. Bei den Kunden übernimmt er die Kosten persönlich bzw. er kann sie als Spesen abrechnen.

Wenn Max einen Kontakt knüpft, der zum Wiesn-Tisch passen könnte, gibt er die Kontaktdaten zudem in seine persönliche Outlook-Datenbank mit dem Vermerk »Oktoberfest-Potenzial«. Wenn es Zeit für die Einladungen ist, sichtet Max die Adressen und lädt zunächst die für ihn wichtigsten Menschen ein: Diejenigen, die er schätzt und auch welche, die zu seinen Zielen passen. Kommen Absagen, wird die nächste Garde eingeladen.

Mit einem jährlichen Event gibt man sich selbst einen zwingenden Grund, Adressen zu organisieren und zu pflegen und somit tatsächlich auf Vorrat zu netzwerken.

Eine andere Möglichkeit ist, eine Xing-Gruppe zu gründen. Entweder, weil Sie sich zu einem bestimmten Thema als Experte positionieren und Erfahrungen austauschen wollen. Oder weil Sie mit Hilfe einer Xing-Gruppe Events organisieren wollen. Auch hier sind Sie »gezwungen« Kontakte zu sammeln.

Nicht nur das. Es müssen auch hochwertige, interessante Kontakte sein – ansonsten sind die Teilnehmer schnell verschwunden. Xing-Gruppen sind nur so aktiv, wie ihre Mitglieder es sind. Mitglieder sind nur dann aktiv, wenn es genügend sind und sich der Moderator wirklich ins Zeug legt.

Man könnte sich natürlich überlegen, alle Oktoberfest-Freunde oder Laufkameraden in einer (offenen oder geschlossenen) Xing-Gruppe zu vernetzen. Damit bekäme die Gruppe eine ganz neue Dynamik. Wenn man einmal anfängt mit dem Netzwerken und dem aktiven Vernetzen anderer, erschließen sich mit dem Tun ganz neue Möglichkeiten. Wer eine große Gruppe leitet, gewinnt an Netzwerkattraktivität und wird als Door Opener sehr interessant für Veranstalter oder Unternehmen.

Es gibt noch viele andere Möglichkeiten, ein kleines Netzwerk zu gründen:

Einen Bücherclub, der sich viermal jährlich über die spannendsten Bücher austauscht, einen jährlichen Firmenlauf, eine jährliche Reise …

Organisieren Sie genau das Event, auf das Sie persönlich Lust haben. Und machen Sie es regelmäßig.

Sie wollen ein professionelles Netzwerk, zum Beispiel in Form eines Business-Clubs, aufbauen? Im Folgenden erfahren Sie, wie Sie die ersten Ideen sammeln, wie die

Umsetzung gelingt, wie Sie die Finanzierung und die Organisation auf die Beine stellen und wie Sie später die Lorbeeren einheimsen. Auch wenn Ihnen keine große Organisation vorschwebt, sondern Sie daran denken, ein kleines Netzwerk mit vielleicht 30 Teilnehmern zu gründen, ohne große Form und ohne großen Kostenapparat: Die Schritte sind immer dieselben. Sortieren Sie beim Lesen aus, was für Ihr Netzwerk nicht passend erscheint und konzentrieren Sie sich auf die Informationen, die Ihre Idee eines Netzwerks betreffen. Es gibt viele Gründe, weshalb man ein neues Netzwerk ins Leben rufen kann. Hier einige Beispiele:

- Ihr jetziges, loses Netzwerk hat zu große Löcher.
- Sie sind aus Ihrem derzeitigen Netzwerk hinausgewachsen.
- Sie haben Spaß daran gewonnen, Verantwortung zu übernehmen.
- Bei Ihnen vor Ort gibt es keine Regionalniederlassung Ihres Berufsverbandes.
- Sie wollen Ihre Kundenkontakte auf systematische Art und Weise pflegen.
- Ihre Interessen haben sich geändert.
- Sie wollen anderen Menschen Mut machen.
- Sie möchten es Ihren Mitarbeitern erleichtern, ins Gespräch zu kommen und ihnen eine gezielte Plattform für Erfahrungsaustausch bieten.
- Sie möchten Ihrem Leben einen neuen Sinn geben.
- Sie haben ein Thema gefunden, das Sie wirklich bewegt und für das Sie sich einsetzen wollen.
- Sie wollen sich eine machtvolle Position sichern, Ruhm und Ehre erlangen.

Eines müssen Sie sich bewusst machen: Eine Netzwerkgründung entspricht im Wesentlichen einer Unternehmensgründung. Denn auch ein Netzwerk lebt von einer guten Idee und von engagierten Gründern, die diese Idee multiplizieren. Außerdem gilt ebenfalls die alte Gründerregel: Erst zwei Jahre nach Gründung wissen Sie, ob Ihre Idee tatsächlich eine gute war. Nach fünf Jahren haben Sie es geschafft, sich zu etablieren und nach weiteren drei bis fünf Jahren haben Sie bewiesen, dass Sie den wichtigsten Erfolgsfaktor erkannt haben: Durchhaltevermögen. Und in der Zwischenzeit müssen Sie Ihr »Baby« am Leben halten und aufpäppeln: interessieren, motivieren, nähren, finanzieren, zuhören, verstehen, trösten und mit allen Stärken und Schwächen lieben.

Und: Ein Netzwerkbetreiber bekommt keine Bezahlung. Meistens muss er zunächst erst einmal selbst Geld investieren, bevor er überhaupt mit einer bescheidenen Aufwandsentschädigung rechnen kann. Außerdem ist viel Zeit erforderlich. Die meisten Netzwerk-Initiatoren betätigen sich mindestens 20 Stunden im Monat. Wenn Netzwerken (zum Beispiel nach der Frühpensionierung) zum Vollzeitjob wird, kann der auch schon mal vierzig Stunden und mehr in der Woche beanspruchen. Und trotzdem kann der persönliche Nutzen einen unbezahlbaren Gegenwert darstellen.

Thorsten Dombach
Ein informelles Netzwerk gründen

Als Thorsten Dombach kein für seine Interessen geeignetes Netzwerk fand, gründete der Geschäftsführer einer GmbH vor drei Jahren ein eigenes. Seine Firma war gerade einmal ein Jahr alt, da entschied sich Thorsten Dombach, selbst aktiv zu werden: »Meine beruflichen Themen konnte und wollte ich weder mit meinen Mitarbeitern noch mit Freunden besprechen«, erinnert er sich. Branchenübergreifender Austausch auf Augenhöhe – dafür suchte er eine Plattform. Als er keine geeignet fand, gründete er den CEO Circle.

Das passende Netzwerkformat selbst entwickeln

»Es war ein langer Suchprozess zusammen mit Business- und Netzwerkcoach Monika Scheddin, um das für mich passende Format zu entwickeln«, erzählt der Geschäftsführer des IT-Unternehmens. Da seine Netzwerkveranstaltungen finanziell und organisatorisch für ihn machbar sein sollten, fiel die Entscheidung auf zweimal jährlich stattfindende Nachmittagsevents für zwölf bis 15 Gäste.

Der Ablauf des CEO Circles: thematische Vorstellungsrunde, Vortrag, danach ein Essen, bei dem sich die Teilnehmer weiter austauschen können. »Die Hauptschwierigkeit bestand am Anfang darin, geeignete Redner zu finden, die Neugierde wecken und Zündstoff für interessante Diskussionen bieten können.« Die Wahl fiel schließlich auf so unterschiedliche Speaker wie Philipp Riederle, Werner Tiki Küstenmacher, Stefan Hagen und Anke Meyer-Grashorn. Die Gästeliste wird jedes Mal individuell zusammengestellt – eine gute Mischung zwischen neuen, interessanten Gästen und

Stammgästen, z. B. treue Zulieferer und potenzielle Kunden, die wir gerne jedes Mal dabei haben wollen. Inzwischen nehmen die Teilnehmer des CEO Circles auch eine längere Anreise in Kauf. Aber selbst, wer nicht kommen kann – bereits die Einladung bewirkt etwas: Sie ist ein Aufhänger für anderes und die Eingeladenen fühlen sich wertgeschätzt.«

Sich weiter umschauen

Daneben ist Thorsten Dombach in anderen Netzwerken aktiv: in einem rein privaten mit Kontakten aus der Studienzeit, in einem fachlichen IT-Netzwerk und in dem mittelständischen Bundesverband für Nachhaltigkeit und öko-soziale Marktwirtschaft. »Ich bin auch immer wieder bei IHK-Reisen dabei«, so Thorsten Dombach, »diese sind relativ günstig und gehen nur über vier bis fünf Tage. Dabei lassen sich Kontakte zur IHK und Staatsregierung pflegen und mit anderen Unternehmern über branchenübergreifende Themen austauschen. Da wir europaweit aufgestellt sind, fahre ich also nicht mit nach Lateinamerika, dafür aber das nächste Mal nach Israel.«

Definieren Sie Ihre Ziele

Schon ist es wieder da: das Ziel. Sie als Initiator müssen es nicht nur kennen, Sie müssen es auch noch wirkungsvoll vermarkten und Interessenten von Ihrer Idee begeistern können. Wenn Sie sich dazu entschließen, ein Netzwerk zu gründen, erwarten Sie nichts oder zumindest nicht zu viel von potenziellen Mitstreitern, Konsumenten oder Teilnehmern.

Eine Praxisregel besagt: Sie haben zu fünf Prozent mit Machern und zu 15 Prozent mit Mitmachern zu rechnen. Die restlichen 80 Prozent sind Beobachter und Konsumenten.

Die Macher haben häufig eigene Baustellen und werden sich aus allen fremden wohlwissend heraushalten, sofern sie keinen persönlichen Nutzen darin sehen. Die Mitmacher können für Sonderaufgaben und zeitlich beschränkte Aktivitäten gewonnen werden, sind aber für strategisch-visionäre Unternehmeraufgaben nicht einsetzbar. Die Konsumenten werden kaum Engagement zeigen, sie können jedoch eine treue Basis darstellen, wenn Sie Ihren Job gut machen. Also, wenn Sie sich darauf einstellen, dass die gesamte Verantwortung bei Ihnen liegt und auch für die – sagen wir mal – nächsten fünf Jahre bei Ihnen bleiben wird, wenn Sie wissen, dass Sie der einzige Arbeitselefant sein werden, wenn Sie das aushalten können und dabei Ihre gute Laune nicht verlieren, verfügen Sie über die besten Voraussetzungen, um Ihr eigenes Netzwerk zu gründen.

Dr. Weise legt seine Ziele und die Ziele seines Netzwerks fest

Nehmen wir doch – stellvertretend für alle anderen – diesen Fall an: Dr. Weise ist Arzt, 35 Jahre alt und hat gerade seinen Facharzt für innere Medizin gemacht. Gleichzeitig hat er eine Praxis im Herzen von München eröffnet. Dr. Weise möchte:

- gutes Geld verdienen,
- auf geschickte Weise Patienten akquirieren,
- Spaß an seiner Arbeit haben,
- zufriedene Patienten gut behandeln,
- Naturheilkunde und Schulmedizin sinnvoll verbinden,
- weitgehend unabhängig von Krankenkassen sein,
- sich einen Namen machen,
- etwas Neues schaffen und Maßstäbe setzen,
- neue Menschen kennenlernen und seinen Horizont erweitern,
- ein Buch schreiben.

Als Spezialgebiet hat sich Dr. Weise dem Trendthema Anti-Aging verschrieben. Da er ein cleveres Bürschchen ist, weiß er, dass er mit einem Netzwerk viele seiner Ziele gleichzeitig erreichen kann. Sein Netzwerk soll:

- die Anti-Aging-Adresse schlechthin für Interessenten, Kunden, Anbieter und die Presse werden,
- ein seriöses, natürliches, menschenfreundliches, wirkungsvolles Komplettprogramm in Sachen Anti-Aging anbieten: Informationen, Kurse, Kontakte, Produkte, Erfahrungsaustausch,
- gleichermaßen als Service-, Dienstleistungs- und Interessengemeinschaft funktionieren,

- ein exklusiver Club werden (Mitgliedsbeschränkungen),
- finanziell unabhängig sein, einen kontinuierlichen Mitgliederzuwachs haben und neben München künftig auch in Hamburg, Berlin, Stuttgart, Düsseldorf, Dresden etc. vertreten sein.

Gedankenspiele vor der Umsetzung

Dr. Weise weiß, was er will. Und das ist ein wichtiger Erfolgsfaktor. Jeder Netzwerkgründer muss sich darüber im Klaren sein, was er mit seinem Netzwerk erreichen möchte. Wenn Sie nun Ihre Ziele und diejenigen Ihres Netzwerks festgelegt haben, sind einige weitere Überlegungen nötig, bevor es endlich an die konkrete Umsetzung geht. Dabei hilft eine »Bauchhirn-Übung«. Das Prinzip kennen Sie ja schon: graue Zellen ausschalten und das Gefühl sprechen lassen. Warum denn das, mag der aufmerksame Leser an dieser Stelle fragen. Gute Frage. Und hier kommt eine gute Antwort (hoffe ich): Dies ist eine Zielübung für Fortgeschrittene. Wenn wir bei einer Sache so richtig im Geschehen drin sind und sie eifrig umsetzen, vergessen wir vor lauter Aktionismus häufig, warum wir das Ganze eigentlich tun. Es empfiehlt sich, immer wieder das Ziel hinter dem Ziel herauszufinden und dieses übergeordnete Ziel anzusteuern. Dafür sollte man sich jedoch schon ein wenig die »Hörner abgestoßen« und erste Erfahrungen gemacht haben.

Übung: Schärfen Sie Ihre Wahrnehmung

Bevor man nach Antworten sucht, stelle man sich die richtigen Fragen: Formulieren Sie zehn Fragen, auf die Sie gerne eine Antwort hätten. Machen Sie die Übung spontan und aus dem Bauch heraus. Geben Sie dem Denkapparat eine kurze Pause. Und machen Sie es sich nicht zu schwer. Einfach zehn Fragen, auf die Sie jetzt im Moment gerne eine Antwort hätten. Vielleicht heißt Ihre erste Frage ja: »Wo kriege ich jetzt noch ein warmes Essen?« Verzichten Sie in diesem Kontext auf große philosophische Fragen wie: »Gibt es ein Leben nach dem Tod?« Die Antwort werden Sie vermutlich nicht mehr erleben. Ebenfalls ungut: Warum-Fragen, zum Beispiel »Warum komme ich nicht aus einer vermögenden Familie mit guten Verbindungen?«, weil diese vergangenheits- und problemorientiert sind. Und wenig hilfreich sind Alternativfragen wie: »Schätzt mein Vorgesetzter mich und meine Arbeit?«

Zielführend wäre die Frage »Woran erkenne ich sicher, dass mein Chef mich und meine Arbeit schätzt?« oder »Was muss ich tun, damit meine Arbeit anerkannt wird?«. Gut und weiterführend sind alle offenen Fragen, die mit was, wie, wer, wann anfangen. Also alle W-Fragen, außer den erwähnten Warum-Fragen. Formulieren Sie alle unkonkreten Fragen so um, bis Sie eine echte Handlungsanweisung erhalten. Zielführende und chancenorientierte Fragen könnten zum Beispiel sein:

- Was muss ich tun, um Herrn Dr. Schlaumeier kennenzulernen?
- Wer könnte mir den Weg in den Lions Club Münster Süd ebnen?
- Wie finde ich einen guten Mentor?
- Welche Vorbilder sind für mich relevant?
- Wen kenne ich, der ...?

Diese Übung schaltet die Wahrnehmung gezielt an: Sobald es sich um Ihr Thema handelt, werden Sie nichts mehr übersehen, überlesen oder übergehen. Sie werden es mitkriegen. Oder Sie stellen fest, dass die Zeit für ein vermeintliches Ziel noch nicht reif ist. Oder dass erst noch Hindernisse aus dem Weg geräumt werden müssen.

Als ich vor einiger Zeit diese Übung für mich machte, schrieb ich spontan folgende Frage auf: »Wo lerne ich Entscheider kennen, die mit mir eine Erfolgs- und Karriereshow im Fernsehen produzieren?« Und beim späteren Durchlesen meiner eigenen Fragen musste ich schmunzeln. Gerade hatte ich nämlich die Einladung zu den Medientagen in München, wo ich garantiert auf die richtigen Personen gestoßen wäre, in den Papierkorb befördert. Das Ziel ist immer noch da, die Zeit ist aber noch nicht reif. Andere Dinge sind mir wichtiger.

Worüber Sie sich vor der Gründung Gedanken machen müssen

Bevor Sie daran gehen, Ihr Netzwerk aufzubauen, müssen Sie sich noch über einige Aspekte klar werden. Die folgenden Fragen geben Ihnen dazu Anhaltspunkte. Vielleicht finden Sie einige von Ihrer Liste, die Sie zuvor für die Übung erstellt haben, wieder:

- Welchen Netzwerknamen wähle ich?
- Welche Rechtsform ist geeignet?
- Welche Zielgruppe will ich erreichen und was könnten deren Ziele sein?

- Will ich das Netzwerk allein oder mit anderen gemeinsam gründen?
- Wer kommt als strategischer Partner in Frage?
- Welche Kosten kommen auf mich zu und wie sieht mein Finanzplan aus?
- Wie hoch sollen Aufnahme- und Jahresgebühr sein?
- Wie exklusiv will ich das Netzwerk gestalten?
- Was kann ich von anderen Netzwerken übernehmen und was will ich anders machen?
- Wie könnte mein Angebot aussehen?
- Wie viel Zeit kann ich tatsächlich für das Netzwerk aufbringen?

Netzwerkname: Bei der Namensgebung müssen Sie auf juristische Hürden achten. Und bevor Sie sich einen teuren Firmenauftritt mit Logoentwicklung, Briefpapier, Visitenkarten und Internetauftritt leisten, sollten Sie zum Beispiel mit der Industrie- und Handelskammer abklären, ob Ihr Name beim Registergericht ein »go« oder ein »no go« bekommen wird. Es gibt Regeln, die dafür sorgen, dass ein Firmen- oder Vereinsname für die Allgemeinheit eindeutig und klar in der Sache dargestellt wird. Täuschungen darüber, worum es in Ihrem Netzwerk konkret geht, und Irreführungen, etwa über die Größe der Unternehmung, sollen vermieden werden. Es ist geregelt, wer sich »Partei« nennen darf und wann sich wer als »Deutscher Business Club« bezeichnen darf. Selbstverständlich gibt es Ermessensspielräume. Und auch ganz praktische Dinge sind bei der Namensgebung eines Netzwerks zu beachten: Soll der Name direkt aussagen, worum es sich handelt oder soll er eher verwirren? Soll er modern klingen (wie bei der Havanna Lounge) oder an altes Brauchtum erinnern (wie etwa beim Herrenclub München)? Klären Sie auch rechtzeitig, ob der Domain-Name für Ihren Internet-Auftritt noch frei ist. Wenn ja, sichern Sie sich ihn schnell.

Rechtsform: Wenn Sie ein Netzwerk gründen, müssen Sie dieselben Überlegungen anstellen wie ein Firmengründer. Informieren Sie sich darüber anhand von Büchern und Broschüren und bei Industrie- und Handelskammern. Auch die Arbeitsämter bieten kostenlose Seminare für Existenzgründer an.

Grundsätzlich gibt es nicht die eine optimale Rechtsform, denn jede – ob Einzelunternehmen, AG, GmbH, Kleine AG, GbR, Verein oder anderes – bringt Vor- und Nachteile mit sich. Bevor Sie sich festlegen oder sich beraten lassen, sollten Sie daher folgende Fragen für sich klären:

- Wie viel Eigenkapital können und wollen Sie aufbringen?
- Wie viele Personen werden an der Gründung beteiligt sein?
- Wollen Sie die Formalitäten so gering wie möglich halten oder spielt dies keine Rolle?
- Wer wird das Netzwerk leiten und welche Ämter wollen Sie besetzen?
- Wie soll die Haftung geregelt sein?
- Wie risikoreich ist das Vorhaben?
- Was kann mündlich, was muss schriftlich fixiert werden?

Für ein Netzwerk ist in der Regel das Einzelunternehmen die einfachste und günstigste Variante: Dabei ist kein Mindestkapital nötig und Sie brauchen nur eine Person zur Gründung. Und auch die Kosten für den Gründungsvorgang sind relativ gering. Der Nachteil: Der Gründer haftet persönlich sowohl mit seinem Privat- als auch dem Geschäftsvermögen. Wenn es überhaupt jemals etwas zu haften gibt.

Bei der Gesellschaft mit beschränkter Haftung (GmbH) ist die Haftung zwar grundsätzlich auf das Geschäft beschränkt, doch sie kann sich in bestimmten Fällen auch auf das Privatvermögen ausdehnen. Schon den kleinen Kontokorrentkredit lässt sich der emsige Banker mit einer privaten Bürgschaft absichern. Der GmbH bleibt jedoch – genau wie der Aktiengesellschaft (AG) – ein gewisser Imagegewinn als Nutzen. In Wirtschaftskreisen ist die Reputation des Geschäftsführers einer GmbH oder des Vorstandsvorsitzenden einer Aktiengesellschaft oft höher als die des Vereinsgründers. Doch der Preis für derartige Eitelkeiten ist hoch: Denn für GmbHs und AGs ist eine Menge von Formvorschriften zu beachten. Von Abstimmungsvorschriften bis hin zu Gesellschaftersitzungen (notfalls mit sich allein bei der Einpersonen-GmbH) mit anschließendem Protokoll ist alles genauestens gesetzlich geregelt. All dies zu beachten, kostet Zeit und Nerven.

Auch die Steuerberatungskosten sind eine Überlegung wert. Bei AG und GmbH fallen sie im Vergleich zum Einzelunternehmen wesentlich höher aus. Denn bei diesen muss mit den Steuererklärungen eine Bilanz abgeben werden, die ohne Steuerberatung nicht machbar ist. Eine simple Gewinn- und Verlustrechnung, die der Einzelunternehmer mit der Steuererklärung abzugeben hat, ist hingegen deutlich einfacher und kann mit gesundem Menschenverstand sogar ohne Steuerberater aufgestellt werden.

Die Gründung eines gemeinnützigen Vereins – mit viel Papierkrieg verbunden und ebenfalls ohne Steuerberatung praktisch nicht machbar – eignet sich dagegen sehr gut, wenn Sie ein soziales oder kulturelles Image pflegen möchten, öffentliche

Räumlichkeiten gegen kein oder nur geringes Entgelt nutzen wollen, wenn Sie viele ehrenamtliche Mitarbeiter gewinnen wollen oder wenn Sponsoren für eine Spendenaktion zu akquirieren sind.

Zudem werden sich während Ihrer Überlegungen weitere Fragen ergeben, etwa: Muss ich Mehrwertsteuer (korrekt wäre Umsatzsteuer) berechnen? Darf ich Vorsteuer geltend machen? Darf ich Gewinne machen? Darf ich Spendenbescheinigungen ausstellen? Dieser Themenbereich kann an dieser Stelle nicht in aller Ausführlichkeit dargestellt werden – das würde Rahmen und Thema sprengen. Sicher ist schon jetzt deutlich geworden, wie umfangreich, aber auch wie wichtig hier die richtige Entscheidung ist und wie viele Faktoren eine Rolle spielen. Die beste Lösung kann jeweils nur für den Einzelfall gefunden werden. Beherzigen Sie daher die folgenden Tipps.

Tipps für Netzwerk-Gründer

Besuchen Sie Existenzgründer-Vorträge, die die rechtlichen und steuerrechtlichen Aspekte einer Gründung abdecken. Laden Sie Leiter anderer Netzwerke (unterschiedlicher Rechtsformen) zum Essen ein und interviewen Sie diese. Fragen Sie nach typischen Fallen und Minenfeldern. Lassen Sie sich Empfehlungen für Steuerberater, Anwälte und Versicherungsagenturen geben. Das gesammelte Repertoire an Wissen und Erfahrung wenden Sie nun auf Ihren eigenen Fall an, formulieren ein konkretes Anliegen und individuelle Fragen und lassen sich persönlich von einem Anwalt und einem Steuerberater beraten. Das dürfte die effizienteste und schnellste Vorgehensweise sein.

Standesrecht: Bei freien Berufen, zum Beispiel bei Ärzten, Anwälten, Steuerberatern, könnte es bei der Gründung eines Netzwerks standesrechtliche Konflikte geben. Lassen Sie sich von Ihrer Kammer oder einem Fachanwalt beraten.

Zielgruppe und deren Ziele: Oft wird vergessen, dass die Zielgruppe nicht aus Kollegen und Konkurrenten besteht. Dass Sie mit diesen Gruppen Interessen teilen, ist klar, aber als Zielpersonen stehen Ihre potenziellen Kunden im Vordergrund. Denken Sie daher darüber nach, mit welchen Menschen Sie freiwillig viel Zeit verbringen möchten und seien Sie dabei sich selbst gegenüber ehrlich. Wichtig ist: Ihre Zielgruppe muss Sie selbst faszinieren, damit Sie bei der Stange bleiben und die Lust am Netzwerken erhalten bleibt.

Allein oder mit mehreren gründen: Wer sein Netzwerk allein gründet, kann seine Ideen und Vorstellungen in aller Ruhe realisieren und spart Zeit, die für Abstimmung und eventuelle Auseinandersetzungen einzuplanen wäre. Er verzichtet aber auch auf die Ideen anderer, auf den Austausch mit Gleichgesinnten und das Musketier-Feeling. Wenn Sie mit mehreren Personen gründen und das Gründungsteam feststeht, empfiehlt sich unbedingt eine Teaminstallation. Hier werden die wichtigsten Dinge eindeutig geklärt und anschließend schriftlich festgehalten: Wer investiert wie viel Zeit, auf welches Ziel einigt man sich, welche Kosten entstehen und wie werden sie finanziert, wer ist für welche Aufgaben zuständig, wer vertritt wen, wer übernimmt die Führung? Optimalerweise wird die Teaminstallation von einem erfahrenen, neutralen Moderator durchgeführt. Dieses Vorgehen erspart unnötigen Ärger. Denn die Erfahrung zeigt, dass die beteiligten Personen sehr häufig unterschiedliche Vorstellungen über die gemeinsame Sache im Kopf haben, diese jedoch nicht klar kommuniziert werden.

Strategische Partner: Denken Sie darüber nach, welche Menschen oder Firmen das Anliegen Ihres Netzwerks ergänzen, unterstützen und bereichern. Wie können sie dem Netzwerk gut tun und dabei selbst einen Gewinn verbuchen? Menschen mit diesem Potenzial sind hervorragende strategische Partner für eine gemeinsame Sache (siehe dazu das Beispiel von Dr. Weise auf Seite 108).

Kosten und Finanzplan: Genau wie bei einer Existenzgründung werden die Kosten für den professionellen Start des Unternehmens auch bei der Gründung eines Netzwerks meist unterschätzt. Zunächst einmal fallen Anlaufkosten an; im weiteren Verlauf ergeben sich die laufenden Kosten. Dafür sollten Sie sich vorab einen Finanzplan erarbeiten, damit Sie nicht plötzlich aus allen Wolken fallen, wenn nach und nach die Rechnungen eintreffen.

Dr. Weise kalkuliert

Die Anlaufkosten vor der offiziellen Gründung schätzt Dr. Weise so ein:

- Geschäftspapier, Visitenkarten (inklusive Logoentwicklung) = 2 000 Euro
- Porto (Einladungen an insgesamt 1 000 Adressen für drei Vortragsabende) = 580 Euro

- Infobroschüre (klein, aber fein, 3 000 Stück, zweifarbig) = 1 000 Euro
- Internetauftritt (mit geschütztem Members-only-Bereich) = 3 000 Euro
- Raumkosten, Kosten für Technik und Dozenten, Fotos der ersten drei Vortragsabende = 1 500 Euro

Damit ergeben sich insgesamt Anlaufkosten in Höhe von rund 8 000 Euro.

Die laufenden Kosten schätzt Dr. Weise so ein:

- Porto- / Telefon- / Onlinekosten (neue Interessenten erhalten aus Imagegründen eine schriftliche Einladung) = rund 100 Euro monatlich
- Sekretariat (wird anfangs von einer Arzthelferin erledigt, dann von einer freien Mitarbeiterin) = rund 1 000 Euro monatlich
- Pflege der Internetpräsenz = 200 Euro monatlich

Damit ergeben sich pro Monat laufende Kosten in Höhe von circa 1 300 Euro.

Selbstverständlich geht alles auch günstiger. Allerdings auch noch wesentlich teurer. Aufwändige Eröffnungsfeiern mit Musik und Champagner lässt sich der schlaue Herr Dr. Weise natürlich sponsern. Den gesamten Arbeitsaufwand erledigen Dr. Weise sowie seine Clubkollegen ehrenamtlich.

Aufnahme- und Mitgliedschaftsgebühren: Aufnahme- und Mitgliedschaftsbeiträge finanzieren weitgehend die Kosten. Häufig werden Aufnahmegebühren als Umlage für vorangegangene Kosten, für zukünftige Investitionen und für alle Kosten, die nicht durch die Mitgliedsgebühren gedeckt sind, verwendet. Die Höhe der Aufnahmebeiträge ist zudem oft eine politische Entscheidung: zur Dokumentation dafür, in welcher Liga man spielt und zur Abschreckung unpassender Mitglieder. Neue Clubs verzichten anfangs auf Aufnahmegebühren bei den Gründungsmitgliedern, um die Plattform zunächst in Schwung zu bringen. Die Mitgliedsgebühren sollten weitgehend die auflaufenden Kosten abdecken. Außer bei internen Firmennetzwerken sind Mitgliedschaftsgebühren wichtig, weil Sie wirtschaftlich arbeiten müssen, um langfristig bestehen zu können. Selbst wenn Sie genügend Sponsoren aktivieren können, so wollen Sie sich vermutlich nicht von diesen abhängig machen. Nach wie vor gilt: Was nichts kostet, ist nichts (oder nur wenig) wert.

Ausgehend von den Kosten kalkulieren Sie die jährlichen Mitgliedsgebühren. Vermutlich werden Sie die Kosten nicht eins zu eins auf die Mitglieder umlegen können, sondern eine Mischkalkulation anwenden müssen. Dabei werden Ziele (viele Mitglieder mit einem geringen Beitrag oder wenige Mitglieder mit einem hohen Beitrag?), Markt (wie viel zahlt man für eine Mitgliedschaft, wo ist das Ende der Fahnenstange?), Einkommen aus Aufnahmegebühren neuer Mitglieder, Sponsorenbeiträge und andere Einnahmequellen, zum Beispiel offene Veranstaltungen, berücksichtigt.

Mitgliedsbeiträge festlegen

In unserem Beispiel orientiert sich Herr Dr. Weise an dem, was er im Lions Club zahlt, was sein Kollege in einem lokalen Unternehmerzirkel zahlt und was er persönlich für vertretbar hält. Dementsprechend ist für ihn

- ein Mitgliedsbeitrag bis 200 Euro pro Jahr   niedrig,
- ein Mitgliedsbeitrag von circa 500 Euro pro Jahr   durchschnittlich,
- ein Mitgliedsbeitrag ab 1 000 Euro pro Jahr   hoch.

Exklusivität: Wenn Sie sich Exklusivität auf die Fahnen geschrieben haben, dann beweisen Sie es. Unterscheiden Sie sich durch Qualität und durch persönliche Aufmerksamkeit. Senden Sie neuen Interessenten eine Briefeinladung. Am besten mit handgeschriebener Adresse, persönlich unterschrieben (Füller) und mit Briefmarke frankiert (keine Infopost – das wäre Sparen an der falschen Stelle).

Vergleich mit anderen Netzwerken: Benchmarking hilft dabei, sich über die eigene Position klar zu werden und für sich zu entscheiden, welche Aspekte man übernehmen will und was anders gestaltet werden soll. Informieren Sie darüber, welche Netzwerke sich wo treffen, wie viele Teilnehmer welcher Berufe und welchen Alters sie haben, welche Informationspolitik betrieben wird, ob es eine eigene Sprache gibt, welche Ausrichtung (lokal, bundesweit, international) gewählt wurde, welche Aufnahmekriterien Voraussetzung sind und wie die unterschiedlichen Programme aussehen.

Zeitbudget: Das Gründen eines Netzwerks erfordert ein hohes Investment an Zeit, insbesondere nach Feierabend. Meist sind es nur telefonische Terminabsprachen, die in die Arbeitszeit fallen. Wenn Sie es wirklich ernst meinen, dann sind ab sofort drei bis vier Abende pro Woche für den Aufbau des Netzwerks reserviert: für Informationsbeschaffung, Organisation, Konkurrenzanalyse und Tummeln auf den Bühnen von potenziellen Partnern und Interessierten.

Das Angebot: Stellen Sie sich ein Abendessen beim Chinesen vor. Sie wissen genau, was auf Sie zukommt, wenn Sie die Speisekarte erhalten: Eine unglaubliche Auswahl. Manche finden es toll, viele nervt es. Und zum Schluss isst man das Gleiche wie immer. Zu viele Alternativen machen nicht glücklich, sondern überfordern schlicht. Deshalb bieten Sie am besten ein kleines, überschaubares Programm mit viel Raum für Eigeninitiativen an. Achten Sie dabei auch darauf, an welchen Wochentagen Sie Ihr Programm anbieten. Die meisten Menschen haben bestimmte feste Termine in der Woche, gehen zum Beispiel montags zum Squash, dienstags zur Fortbildung oder mittwochs zum Fußballtraining. Um also möglichst vielen Mitgliedern die Chance zu geben, an Ihren Veranstaltungen teilzunehmen, wechseln Sie die Wochentage. Lassen Sie die Events also zum Beispiel abwechselnd dienstags, mittwochs oder donnerstags stattfinden. Erfahrungsgemäß bringen Montage und Freitage nur wenig Publikum. Beschränken Sie sich bei den ordentlichen Clubtreffen auf Wochentage, wenn Sie Berufstätige ansprechen. Die Wochenenden sind meist für private Aktivitäten verplant. Für Clubreisen, Tage der offenen Tür und Partys hingegen bietet sich natürlich genau das Wochenende an.

Die Gedankenspiele des Dr. Weise vor der Netzwerkgründung	
Fragen	*Herrn Dr. Weises Antworten*
Welcher Name fällt mir spontan für mein Netzwerk ein?	Club der Weisen und Glücklichen
Welche Rechtsform passt?	Herr Dr. Weise entscheidet sich zunächst für einen Privatclub in Form einer Ein-Personen-Gesellschaft. Sollte Kollege Dr. Berger in das Netzwerk als Gründer mit einsteigen, würde eine GbR als Rechtsform passen.
Was ist meine Zielgruppe? Wen möchte ich als Mitglied gewinnen?	Besser Verdienende zwischen 30 und 50 Jahren, die voll im Beruf stehen und aktiv etwas für Körper, Geist, Seele und Sinn tun wollen: Manager, Unternehmer, Freiberufler, Politiker und Menschen, die das Leben genießen wollen, zum Beispiel Golfer, Segler, Naturfreunde, Wanderer, Belesene, Musikfreunde, Weinliebhaber.

Was sind die Ziele der Mitglieder?	Prestige (ich bin dabei), Informationen aus erster Hand bekommen, etwas für Körper, Geist und Seele tun, Gleichgesinnte kennenlernen, Erfahrungen austauschen, Spaß haben.
Gründe ich den Club allein oder mit anderen?	Herr Dr. Weise hat schon viele Gespräche geführt. Alle mit dem gleichen Ergebnis: »Mach mal und wenn es funktioniert, sind wir vielleicht dabei.« Der einzige, noch unentschiedene potenzielle Partner ist Arztkollege Berger.
Wer könnten meine strategischen Partner sein?	Menschen oder Firmen, die mich und meine Aktivitäten ergänzen, unterstützen, bereichern, die mir gut tun. Arztkollegen, Heilpraktiker, Coaches, Sportlehrer, Zahnärzte, Masseure, Pharmafirmen, PR-Leute, Werbeagenturen, Marketingspezialisten
Welche Kosten entstehen?	Rund 15 000 Euro im Jahr.
Wie sieht der Finanzplan aus?	5 000 Euro finanziert Dr. Weise persönlich vor. 5 000 Euro werden von einem Anbieter für Bio-Kosmetik gesponsert, die restlichen 5 000 Euro müssen bereits im laufenden Jahr durch Mitgliedsbeiträge und Aufnahmegebühren finanziert werden.
Wie hoch sind Mitgliedschafts- und Aufnahmegebühren?	Nach der Erfahrung aus seinem Lions Club hält Dr. Weise eine jährliche Mitgliedschaftsgebühr von 500 Euro für angemessen. Die Aufnahmegebühr entfällt bis zu einer Clubgröße von 40 Mitgliedern.
Im Vergleich zu anderen Wirtschaftsclubs oder Netzwerken: Was kann ich übernehmen?	Klare Positionierung.
Im Vergleich zu anderen Wirtschaftsclubs oder Netzwerken: Was will ich anders machen?	Ein kleines, klares Programm, also die »kleine Speisekarte«. Keine Arroganz.
Wie sieht das Angebot des Netzwerks aus?	Programm: regelmäßige Treffen alle zwei Monate im gehobenen Ambiente, zwei organisierte Urlaubsreisen im Jahr und Sonderveranstaltungen.
Wie viel Zeit kann und will ich investieren?	Der Doktor rechnet mit 20 Stunden monatlich in der Aufbauphase – nach circa sechs Monaten mit zehn Stunden monatlich.

Bevor Sie loslegen

Bedenken Sie: Sie können es nicht allen recht machen. Fangen Sie erst gar nicht an, die Meinungen vieler anderer Menschen einzuholen. Sie bekommen viele Antworten, die Sie im Normalfall nicht weiterbringen. Die letzte meiner Umfragen bestimmte einen Sonntag als den ultimativ besten Termin für einen bestimmten Workshop. Und abgesehen davon, dass ich selbst höchst ungern sonntags arbeite, meldete sich auch kaum jemand an. Es gibt eben Unterschiede zwischen Theorie und Praxis. Wichtig ist, dass Sie sich positionieren. Und wenn Ihr Angebot interessant genug ist, finden die Teilnehmer auch die Zeit, sprich sie geben dieser Sache Priorität.

Verbinden Sie unterschiedliche Ziele: Sie können Hobby beziehungsweise Leidenschaften und berufliches Netzwerken sehr gut miteinander verbinden. Das Angenehme und das Nützliche lassen sich meistens gut kombinieren. Dazu braucht es nur ein wenig Fantasie. So hat man schon von Managern aus der IT-Branche gehört, die einen privaten Philosophiesalon installierten. Oder von Ingenieuren, die einen Business-Theater-Kreis gründeten. Oder von Redakteuren, die ein loses politisches Netzwerk knüpften. Oder von Führungskräften, die soziale Netzwerke auf die Spur brachten. Ein Beispiel hierfür ist Dr. Norbert Copray mit seiner Fairness-Stiftung, die sich an Führungskräfte, Verantwortliche, Selbstständige, Unternehmen sowie Organisationen richtet.

Aktionsplan für Netzwerkgründer

Sie haben einen passenden Namen gefunden, die richtige Organisationsform ausgewählt, überlegt, wen Sie sich eventuell mit ins Boot holen, die Kosten kalkuliert? Haben alle Vorabüberlegungen durchdacht und sind weiterhin gewillt, mit einer Menge Enthusiasmus und auf Basis Ihrer hart erarbeiteten Grundüberlegungen loszulegen? Wollen Sie den Preis zahlen, den Ihnen der Aufbau eines Netzwerks abfordert? Haben Sie bedacht, dass hier unter »Preis« nicht nur die Geldinvestition für das geplante Projekt, sprich Netzwerk, zu verstehen ist, sondern auch die Zeit, die Nerven, die Sorgen, die Ängste, die Sie dieses Projekt kosten wird? Darunter fällt auch die Zeit, die Sie für bestimmte Dinge zunächst nicht mehr haben werden: für Freunde, Kino, Kunst, Kultur und Faulenzen.

Gut, Sie lassen sich also nicht abschrecken. In einigen Jahren werden Sie vielleicht genau wie ich sagen: »Ich bin mit viel Engagement, aber auch mit einer großen Portion Naivität an die Sache herangegangen. Ich glaube, es war ganz gut, dass ich nicht alles vorher wusste.« Doch widmen Sie sich nun dem Aktionsplan, denn ab jetzt geht es ganz konkret an den Aufbau Ihres Netzwerks:

- Holen Sie Infos ein, um mehr über mögliche strategische Partner, Wettbewerbe, Preise, Treffpunkt und Ähnliches zu erfahren.
- Bringen Sie die Satzung zu Papier.
- Kümmern Sie sich um den Geschäftsauftritt (von Visitenkarte über Infobroschüre bis Webauftritt).
- Gewinnen Sie strategische Partner.
- Bauen Sie eine Datenbank auf.
- Stellen Sie ein Hochleistungsteam zusammen.
- Legen Sie die Grundlagen für eine gute Pressearbeit.
- Organisieren Sie das Vorbereitungstreffen.
- Legen Sie das Jahresprogramm fest (Termine und Dozenten).
- Machen Sie schon jetzt Werbung für Ihr Netzwerk – erzählen Sie's rum!

Schaffen Sie eine gute Basis

Damit Sie schon von Anfang an alle wichtigen Aspekte der inneren Struktur berücksichtigen, sollten Sie zunächst eine gute Grundlage schaffen, auf die Sie bei allen weiteren Arbeiten zurückgreifen können.

So holen Sie Informationen ein

Beginnen Sie am einfachsten bei der Konkurrenz. Welche Clubs oder Netzwerke vergleichbarer Art gibt es schon regional oder bundesweit? Was bieten die an? Was gefällt Ihnen und was nicht? Bei der Recherche erweist sich das Internet als unschlagbar schnell. Doch ein toller Internetauftritt sagt etwas über den Webdesigner aus, vielleicht auch über den Auftraggeber sowie über dessen Ambitionen und Finanzen. Mehr aber zunächst nicht. Überzeugen Sie sich persönlich an Ort und Stelle! Smart recherchieren heißt auch: erst einmal die alten Hasen fragen. Das sind die, die 20 Jahre älter sind als Sie und sich schon ein Plätzchen im Edelclub gesichert haben. Identifizieren Sie also solche Persönlichkeiten, laden Sie sie zu einem Glas Wein oder zum Essen ein und fragen Sie, so viel Sie können. Geben Sie Anerkennung als Dankeschön zurück.

Darüber hinaus können Sie einen Infobroker zum Festpreis engagieren, der für Sie ganz gezielt Informationen sammelt und zusammenstellt. Vergraben Sie sich aber nicht im Büro vor dem Computer oder in Ihren Unterlagen, gehen Sie raus. Kommunizieren Sie. Draußen spielt die Musik. Verschaffen Sie sich einen persönlichen Eindruck von den Dingen, über die Sie sich informiert haben. Bringen Sie dabei auch Ihre Visitenkarten unters Volk. Sie werden herausfinden, dass Wirtschaftsclubs oder Netzwerke mit wohlklingenden Namen nicht zwingend hip sein müssen. Sie werden aber genauso herausfinden, dass Netzwerke mit merkwürdigen Namen wie »Verband ganzheitlich positiv gestimmter Menschen« tatsächlich einiges zu bieten haben. Lassen Sie sich von einer schönen Fassade nicht blenden, gehen Sie den Dingen auf den Grund.

Lassen Sie sich darüber hinaus in jeden Verteiler aufnehmen, der nur ansatzweise mit Ihren Zielen zu tun haben könnte. Keine Angst vor einer Informationsflut, die gibt es nämlich nicht. Es gibt lediglich eine Datenflut. Freuen Sie sich vielmehr über Post, denn die für Sie wichtigen Daten werden Sie garantiert ruckzuck herausfiltern können. Wenn Sie in Gesprächen nach Informationen suchen, hören Sie gut zu. Stellen Sie Fragen. Halten Sie sich mit Ihren Plänen zunächst vornehm zurück, sammeln Sie aber schon einmal die Visitenkarten von potenziellen Mitgliedern und strategischen Partnern. Und natürlich kommen Sie auch durch Wirtschaftsmagazine, Tageszeitungen und Fernsehbeiträge an die gesuchten Informationen. Einfach wach sein, heißt die Devise!

So bringen Sie die Satzung zu Papier

Machen Sie keine Doktorarbeit aus der Satzung. Schreiben Sie mit einfachen Worten auf, was Sie wollen und wie Sie es wollen. Vielleicht hilft im ersten Schritt – quasi als Vorüberlegung –, wenn Sie wissen, was Sie auf *keinen* Fall wollen. Die folgenden Einträge sollten in einer Satzung enthalten sein:

1. Name und Sitz des Netzwerks
2. Grundlage und Zweck: Was ist das Credo, was sind die Ziele und welches Programm hat das Netzwerk?
3. Mitgliedschaft: Welche offiziellen Erwartungen werden an die neuen Mitglieder gestellt? Wie wird verfahren bei Aufnahme, Austritt und Ausschluss? Wie hoch sind die Mitgliedsgebühren?
4. Struktur: Wer erfüllt die Funktionen des Vorstandes oder der Geschäftsleitung? Welche Posten sind zu besetzen? Üblich sind Vorsitzende und Stellvertreter, Schatzmeister, Protokollführer, Pressebeauftragte und Mitgliedsbetreuer. Wie oft findet die Mitgliederversammlung statt? Wie und wann werden die Amtsträger gewählt?
5. Satzungsänderungen: Wann und wie sind sie möglich?
6. Auflösung des Vereins, Verbandes oder Unternehmens: Unter welchen Umständen und in welcher Form müsste dies geschehen?

Schlau wie Sie sind, haben Sie sich natürlich eine Satzung der Kollegen besorgt. Sie sollten diese aber keinesfalls gedanken- und bedenkenlos übernehmen. Verlieren Sie Ihre Prioritäten nicht aus dem Blick und freuen Sie sich darüber, wenn Ihnen eine solche Vorlage gute Dienste leistet. Überlegen Sie genau, was Sie in die Satzung aufnehmen wollen, denn schließlich soll sie ja lange Zeit gelten.

So gestalten Sie den Geschäftsauftritt

Zu einem Geschäftsauftritt gehören: Briefbogen, Visitenkarten, Stempel und ein Firmenschild. All das sollte gut zu Ihnen und Ihrem Vorhaben passen und logisch aufeinander abgestimmt sein. Das Ergebnis ist Ihre Corporate Identity (CI). Bei der Orientierung und Auswahl helfen Ihnen wiederum die gesammelten Werke der Konkurrenz. Stellen Sie sich die folgenden Fragen:

- Was gefällt Ihnen an anderen Designs und was nicht?
- Soll Ihr Netzwerk ein Logo haben?
- Welche Farben sprechen Sie an, welche nicht?
- Welche praktischen Aspekte wollen Sie berücksichtigt wissen? Geht es Ihnen zum Beispiel darum, dass auch eine Schwarz-Weiß-Kopie noch ansprechend aussieht? Oder soll man Ihre Unterlagen gerade nicht kopieren können?

Bevor Sie nun aber schnurstracks zur nächsten Werbeagentur rennen und erwarten, die Leute dort könnten Ihre Gedanken lesen: Nutzen Sie Ihren gesunden Menschenverstand und bereiten Sie Ihre CI vor. Fangen Sie selbst an, ein Logo zu entwickeln, indem Sie es malen oder gute Vorlagen sammeln. Welche Formen und Farben sprechen Sie an? Keine Angst, künstlerische Arbeiten werden nicht erwartet. Sie sparen jedoch eine Menge Geld und Zeit, wenn Sie Ihre Vorstellungen konkret benennen können.

Beispiel: Dr. Weise konzipiert seinen Geschäftsauftritt

Herr Dr. Weise ist sich ziemlich sicher: Er möchte auf jeden Fall Visitenkarten (für sich selbst als Präsidenten des Netzwerks und Blanko-Exemplare für die ehrenamtlichen Mitarbeiter, die ihren Namen von Hand eintragen) und einen edlen Briefbogen mit allen wichtigen Geschäftsangaben. Außerdem plant er einen Info-Folder mit den wichtigsten Eckdaten des Clubs (DIN lang, passt in einen Fensterbriefumschlag). In ein, zwei Jahren, wenn der Club sich etabliert hat, soll es zusätzlich einen hochwertigen Image-Folder geben.

Auch über Ihren Webauftritt müssen Sie sich jetzt Gedanken machen. Wie könnte er aussehen? Soll die Gestaltung an die Geschäftsausstattung angepasst sein? Folgende Inhalte müssen auf jeden Fall enthalten sein:

- Ziele des Business-Clubs
- Porträts der maßgeblichen Personen (wichtig: interessante Gründungsmitglieder)
- Programm (Was wird im laufenden Jahr geboten?)
- Geschichte (Was ist gelaufen? Welche tollen, wichtigen Persönlichkeiten haben Reden gehalten?)
- Kriterien für eine Mitgliedschaft
- Kontaktformular
- Presse (Archiv der wesentlichen Presseveröffentlichungen des Clubs)
- Business-Partner (strategische Partner und Sponsoren)
- Members-only-Bereich
- Impressum
- Möglicherweise Werbeplatz für die Sponsoren

Der Webauftritt sollte so gestaltet sein, dass Sie alle aktuellen Rubriken leicht und schnell selbst ändern können. Lassen Sie sich von einem Webdesigner oder einer Werbeagentur beraten, wenn Sie wissen, was Sie möchten, aber auch, wenn Ihnen die zündende Idee noch fehlt. Eine derartige Investition lohnt sich, vor allem, wenn Sie auf längere Sicht planen.

So gewinnen Sie strategische Partner

Sie haben bereits Informationen darüber gesammelt, wer Ihnen beim Aufbau Ihres Netzwerks nützlich sein kann und auch selbst etwas davon haben könnte? Sortieren Sie nun aus. In Frage kommen unter anderem:

- das Hotel, in dem die Clubtreffen stattfinden, um Werbung für sich zu machen.
- artverwandte Berufsgruppen und Branchen, die Interesse an der Zielgruppe, sprich den Mitgliedern, haben, um ihr eigenes Angebot anzupreisen.
- PR-Agenturen, Werbeagenturen, die das Netzwerk als Kontaktbörse nutzen können.
- Produzenten / Händler aller Produkte und Dienstleistungen, die zur Ziel-

gruppe passen (Kosmetikhersteller, Reiseveranstalter, Weinladen, Nobelauto-
marke etc.), weil sie sich einen potenziellen neuen Kundenkreis schaffen.

- Andere Clubs (zum Beispiel Golfclub, Segelclub) oder Verbände (zum Beispiel ein entsprechender Berufsverband), die Synergieeffekte nutzen möchten.

Alle Firmen, Vereine oder auch Personen, die Ihrer Zielgruppe ein Produkt oder eine Dienstleistung anbieten können und keine direkte Konkurrenz darstellen, kommen als strategische Partner in Frage, weil Sie ihnen mit Ihrer Veranstaltung eine Werbeplattform bieten. Also anschreiben, ansprechen und fürs Mitmachen oder Sponsern begeistern.

So bauen Sie Ihre Datenbank auf

Wählen Sie eine leicht verständliche und einfach zu bedienende Standarddatenbank, zum Beispiel »Cobra«, die mit wenigen Handgriffen an Ihre individuellen Bedürfnisse angepasst werden kann. Bestimmen Sie dann die Kriterien, nach denen Sie selektieren wollen, zum Beispiel:

- Nachname, Vorname
- Firmenname
- Ort, Straße, Postleitzahl
- Mitglied
- Interessent
- Presse
- Sponsor
- Bestimmte Stichwörter
- Bestimmte Projekte oder Events
- Umsatz
- Potenzial

Tipp: Datenbank-Verwaltung leicht gemacht

Machen Sie es nicht zu kompliziert. Je mehr Optionen und Alternativen Sie einrichten, desto weniger nachvollziehbar ist die Datenbank für Dritte. Und fangen Sie sofort mit Ihren Eingaben an, wenn Sie die minimalen Unterscheidungskriterien definiert haben. Das Feintuning ergibt sich ganz von selbst, wenn Sie eine Zeit lang mit der Datenbank gearbeitet haben.

Woher Sie die Adressen bekommen, hängt davon ab, wie viel Zeit Sie sich für den Anfang geben wollen und wie Ihre Strategie aussieht. Generell gibt es zwei Ansätze:

- Sie bereiten sich länger und gut vor und treten mit einem Knalleffekt auf: Dann können Sie Adressen gemäß einer vorherigen Spezifikation bei Adressanbietern einkaufen und zusätzlich einen persönlichen Verteiler aufbauen (Adressen geeigneter Kunden, Personen aus dem Golf- oder Segelclub). Eine Praxisregel besagt, dass etwa 1 000 qualifizierte Adressen rund 50 Teilnehmer für die erste Veranstaltung ergeben.
- Sie fangen klein und handverlesen an, das heißt, dass alle privaten und beruflichen Kontakte in Hinblick auf den Club gecheckt und die passenden als Interessenten aufgenommen werden. Ungefähr drei Monate vor der ersten Veranstaltung informieren Sie alle in Frage kommenden Personen über Ihr Vorhaben und bitten um Adressen weiterer Interessenten.

Achtung: Sie dürfen nicht ungefragt Mails versenden. Es gibt dafür strenge Regelungen und Formulierungen. Erkundigen Sie sich im Vorab genau nach dem rechtssicheren Vorgehen.

Wichtig: Schicken Sie jedem Interessenten eine Einladung. Wer nicht auf der Einladungsliste steht, darf nicht teilnehmen. Damit werten Sie Ihren Club auf.

Praxis-Tipp 1: Über Ihre Website, über soziale Netzwerke (Xing, Facebook) und über Pressearbeit können Sie spannende Veranstaltungen bewerben. Interessenten geben Sie die Möglichkeit, sich in Ihren Verteiler setzen zu lassen. Über den Verteiler erweitern Sie sukzessive Ihre Adressen. Bitten Sie auch bestehende Mitglieder und Kooperationspartner um Weiterleitung / Empfehlung.

Praxis-Tipp 2: Immer mehr muss man um die Aufmerksamkeit von Menschen buhlen. Eine einzige Einladung zum Event reicht heute nicht mehr aus: circa drei Monate vor dem Event eine »Save-the-date-Info« versenden (nur bei wichtigen Events); circa sechs Wochen vorher die offizielle Einladung verschicken; circa drei Wochen vorher noch eine Erinnerung. Auf allen Einladungen vermerken Sie die gesamten Termine des Jahres im Überblick. Ausgebuchte Veranstaltungen erhöhen den Wert Ihres Netzwerkes, abgesagte Veranstaltungen schaden dem Image.

So stellen Sie Ihr Team zusammen

Achten Sie darauf, dass Sie um sich als Netzwerkgründer ein Hochleistungsteam bilden. Egal, ob es sich um ehrenamtliche Helfer oder um Netzkollegen handelt, ganz gut ist es, wenn nicht nur Menschen Ihres Schlags mitarbeiten, sondern auch solche, die ganz anders sind als Sie. Je fremder Ihnen eine Person ist, desto mehr können Sie von ihr lernen. Unterschiedliche Meinungen und Ideen sind prima und bereichern. Was Sie nicht gebrauchen können, sind hingegen Miesmacher, Pessimisten, ewig Befindliche und unheilvoll unkende Besserwisser. Sie brauchen auch keine Menschen um sich herum, die sich auf die schlechte Luft, die beschränkte Aussicht im Tagungsraum und den abgestandenen Kaffee konzentrieren oder sich über die Preise echauffieren. Umgeben Sie sich vielmehr mit optimistischen Zeitgenossen, die den Blick für das große Ganze nicht verlieren.

Sind Sie zum Beispiel ein Mensch mit Gespür für Markt und Trends, der Menschen begeistern und anstecken kann und gleichzeitig ein schneller und forscher Auf-den-Weg-Bringer? Gut ergänzen könnte Sie dann ein Organisator, ein systematischer Umsetzer und vor allen Dingen ein kontrollierender Überwacher, der mit Spaß auf Details, Qualität und die Einhaltung der Regeln schaut. Auch ein unterstützender Stabilisator tut gute Dienste im Team: Er ist stark, weil er andere stark macht. Denkt an Geburtstage, harmonisiert Konflikte, spielt gerne und gut den Hobby-Psychologen und pflegt harmonische Beziehungen. Auch ein informierter Berater wird sich unentbehrlich zeigen: Schleppt er doch alle Adressen von Konkurrenznetzwerken an, weiß genau, was wann wo los ist, kennt die wichtigen Messen und Personen, weiß, wo man was wie arrangieren sollte. Sie müssen ihm nur sagen, was Sie brauchen und wonach er Ausschau halten soll. Der kreative Innovator hat Spaß an Ideen und liefert unzählige davon frei Haus. Egal ob machbar oder nicht.

Das Wissen um die Zusammenstellung von Hochleistungsteams ist sehr hilfreich. Eine exzellente und leicht verständliche Grundlage bietet das Modell Team Management Systems (www.tms-zentrum.de).

Die Bedeutung der Pressearbeit

Wenn die Presse über Sie und Ihr Netzwerk berichtet, hilft sie, Ihr Netzwerk bekannter zu machen und sorgt für Nachschub an Interessenten. Und auch Ihr Image wird gefördert, was gut ist für die Akquise von Sponsoren.

Einen Presseverteiler aufbauen

Erste Überlegung, bevor Sie voreilig alle möglichen Pressekontakte eintippen: In welcher Zeitung oder Fachzeitschrift möchten Sie gerne etwas über sich beziehungsweise über Ihr Netzwerk lesen? Vielleicht neigen Sie dazu, jetzt die Fachzeitschriften aus Ihrem Bereich aufzählen zu wollen. Es ist natürlich schön, vor den Kolleginnen und Kollegen ein wenig angeben zu können. Bringt aber außer (vielleicht) Neid nicht viel. Die entscheidende Frage ist: Was liest Ihre Zielgruppe? Für Herrn Dr. Weise zum Beispiel wäre ein Bericht im »Internisten« nett. Der würde ihm aber außer der Konkurrenz keinen Interessenten für seinen Club bringen. Besser geeignet wären hier Artikel in der »Bunten«, in Frauenzeitschriften, Golf- und Freizeit- oder Hobbymagazinen, im »Manager Magazin«, in der »Wirtschaftswoche«, in »Capital«, in der »Brand Eins«, im »Focus« oder in allen Kundenmagazinen der Upperclass-Produzenten wie BMW oder Mercedes. Und selbst die Zeitschrift der Deutschen Bahn brächte ihm vermutlich mehr als »Arztpraxis heute«.

Selbstverständlich lassen sich nahezu alle Adressen kaufen; es empfiehlt sich jedoch, einen handverlesenen Presseverteiler aufzubauen. Pflegen Sie diese Kontakte genauso, wie Sie es mit Ihren Kunden und potenziellen Kunden tun. Behandeln Sie Pressevertreter wie alle anderen Menschen: Sie brauchen nicht vor Ehrfurcht zu erstarren, wenn Sie jemand von der Presse anruft. Bleiben Sie natürlich und sagen Sie nur das, was Sie auch später lesen wollen. Interessieren Sie sich für Ihren Pressekontakt als Mensch. Und bitte tun Sie nicht so als ob. Sie müssen es auch so meinen. Welchen Background hat die Journalistin, der Redakteur? Welche Themen interessieren sie / ihn persönlich? Natürlich sollten Sie niemanden ausfragen, aber notieren Sie sich Einzelheiten, wenn es sich ergibt. Schon eine nette Geburtstagskarte kann große Wirkung entfalten.

Kaufen Sie sich alle Zeitschriften, Zeitungen und Magazine, in denen Sie genannt sein wollen. Im Impressum finden Sie die Adresse der Redaktion und möglicherweise die Ansprechpartner der verschiedenen Ressorts. Geben Sie keine Adressen ohne Ansprechpartner in Ihre Datenbank ein. Denn diese sind völlig wertlos und landen sofort in Ablage P wie Papierkorb. Wenn Sie nicht sicher sind, wer der richtige

Ansprechpartner für Sie ist, rufen Sie an und fragen nach. Bitte seien Sie auch hier freundlich und höflich: Sie sind nicht der Einzige, der anruft.

Pressemitteilung

Bei einer Pressemitteilung handelt es sich um eine Information, die mit der Bitte um Veröffentlichung verschickt wird. Als Anlässe kommen in Frage: Der Club der Weisen und Glücklichen wird gegründet, feiert sein einjähriges, sein zehnjähriges Bestehen, sein tausendstes Mitglied, goes Europe, spendet eine Million Euro für den Papst oder Ähnliches. Je seltener, aktueller, schräger, prominenter, schreiender, kurioser eine Information, desto sicherer die Veröffentlichung. Es fragt sich nur, ob es Ihnen gut tut, wenn Sie in der Presse sind, weil Sie mit Verona Pooth rumgeknutscht haben. Dann doch lieber, weil Sie Ihr tausendstes Mitglied ehren. Übrigens: Sie haben kein Recht auf Veröffentlichung, egal für wie wichtig Sie persönlich Ihre Meldung halten. Das hätten Sie nur, wenn Sie eine Anzeige aufgeben und dafür entsprechend bezahlen würden.

Die Clubtreffen

Sie haben nun alle Vorbereitungen getroffen, um mit einem kleinen Organisationsteam die ersten Clubtreffen planen zu können. Versteht sich von selbst, dass Sie allen Beteiligten vor der Besprechung eine Mini-Agenda an die Hand geben, die auflistet, wie der erste Clubabend Ihrer Meinung nach gestaltet sein sollte. Die Erfahrung zeigt, dass es gut ist, wenn der Initiator bereits eine 70-Prozent-Vorleistung gibt. Das heißt, dass Sie – so gut Sie das aufgrund Ihres Wissens und Ihrer Erfahrung eben können – das meiste schon geplant haben. Ihr Organisationsteam tut sich wesentlich leichter, wenn das Spielfeld schon abgesteckt ist. Es ist viel einfacher zu kritisieren, zu ändern oder eine neue Idee einzubringen, wenn man bereits eine Diskussionsgrundlage hat. Übrigens spart man bei dieser Vorgehensweise auch viel Zeit.

Unser Beispiel-Gründer, Herr Dr. Weise, hat sein persönliches Brainstorming schon hinter sich. Aufgrund seiner Erfahrung bei anderen Wirtschaftsclubs weiß er ungefähr, was er will, nämlich

- ein überschaubares Angebot,
- alle zwei Monate ein offizielles Club-Treffen an einem exklusiven Ort,
- etwa 50 Teilnehmer pro Abend,

- dass jeder Teilnehmer soll persönlich begrüßt werden soll,
- Namensschilder,
- Ehrenanstecknadeln für die Mitglieder,
- einen Club-Wimpel,
- eine Club-Hymne,
- ein Programm, das großes Interesse findet, Spaß macht und neue, außergewöhnliche Themen präsentiert,
- Trends berücksichtigen,
- professionelle Redner, die ihr Publikum begeistern, inspirieren, informieren und unterhalten,
- eine gute Mischung aus Mitgliedern und Gästen,
- eine angenehme Atmosphäre, in der die Teilnehmer sich wohl fühlen,
- dass die Teilnehmer nicht übermüdet nach einem Zwölfstundentag kommen, sondern sich bewusst Zeit nehmen; deshalb beginnt das Treffen jeweils um 18 Uhr,
- Überraschungen und Zusatznutzen: Die Sponsoren des jeweiligen Abends stellen Produktproben (zum Beispiel die neuen Vital-Drinks, Fachmagazine oder Gummibärchen mit Kalzium) zur Verfügung,
- Essen und Getränke,
- Insider-Gespräche an der Bar,
- eine Info-Ecke, in der alle Teilnehmer ihre Visitenkarten, Broschüren oder anderes auslegen können.

Erstellen auch Sie eine solche Liste, um sich über Ihre Vorstellungen klar zu werden. Aber auch hier gilt: Weniger ist mehr. Begrenzen Sie die Dauer der Veranstaltung auf maximal drei Stunden. Und: Begrenzen Sie die Teilnehmerzahl. Zum einen, damit Sie den Kontakt zu allen Teilnehmern halten können und die Übersicht behalten, zum anderen, um Exklusivität zu wahren. Auch hier gilt der alte Marketingtrick »Begrenzung macht Appetit«. Dies wird Ihnen einige schnelle Anmeldungen bringen. 50 Teilnehmer sind eine relativ gut zu handhabende Größe.

Die Einladungen

An potenzielle Mitglieder: Sobald Sie sicher sind, dass Sie ein Netzwerk gründen, sollten Sie mit der Mundpropaganda beginnen. Andere überzeugen und begeistern können Sie nur, wenn Sie selbst überzeugt und begeistert sind. So also nicht: »Ich habe da was vor … wir gucken mal, ob das klappt … ist so was Ähnliches wie ein Lions Club … falls Sie nichts Besseres vorhaben …« Sondern so: »Am Dienstag, den X. März, findet die Premierenparty für den neuen Club der Weisen und Glücklichen statt. Nur für geladene Gäste mit Interesse an den Themen Lebenserfolg und Vitalität. Ich finde, Sie passen hervorragend in diesen Kreis. Haben Sie Interesse? Dann schicke ich Ihnen gerne eine persönliche Einladung.« Auch hier gilt: Weniger ist mehr. Begrenzen Sie die Dauer der Veranstaltung auf maximal drei Stunden.

An die Presse: Eine gute Presseeinladung ist kurz und knackig, der Journalist kann mit einem Blick erkennen, worum es geht und entscheiden, ob es für ihn interessant ist oder nicht. Am Anfang des Textes stehen die superwichtigen Informationen, zum Schluss hin die fast unwichtigen. Ihr Text sollte also von hinten her leicht zu kürzen sein. Das Wort »Einladung« wird hier wörtlich genommen, das heißt, ein Journalist geht üblicherweise davon aus, dass er keinen Eintritt und keine Teilnahmegebühr zahlen muss. Und: Wenn es ein leckeres Essen und ein angekündigtes Highlight gibt, erhöhen sich die Chancen, dass angemeldete Pressevertreter auch wirklich kommen. Egal wie sehr Ihnen persönlich Ihr Thema am Herzen liegt, für den Journalisten ist dies ein Abendtermin, zu dem er geschickt wird, der ihm stinkt und mit dem er persönlich nichts am Hut hat. Er wird also professionell seinen Job machen und so schnell wie möglich wieder verschwinden. Gehen Sie daher mit Bedacht vor: Schicken Sie nicht jedem Journalisten alles. Geben Sie sich Mühe, überlegen Sie sich, welches Thema wen interessieren könnte, und versenden Sie die Einladungen gezielt. Langweilen Sie Journalisten nicht mit Vorträgen zum Thema »Die Einkommensteuererklärung« oder »Bewerben – einfach und erfolgreich«. Diese Inhalte dürften hinlänglich bekannt sein. Bei Themen wie »Steuertricks fürs neue Jahr« oder »Die zehn reichsten Deutschen geben Insider-Tipps« sieht die Sache hingegen schon anders aus.

Per E-Mail oder Brief: Kosten versus Etikette? Im Businesskontext können Sie davon ausgehen, dass heute nahezu 90 Prozent Ihrer Ansprechpartner online sind. Einladungen per E-Mail sind unangefochten schnell, praktisch und kostengünstig. Dennoch, so richtig stilvoll wird es erst mit einem Brief auf elegantem, zweifarbigem Geschäftspapier mit Wasserzeichen. Selbstverständlich mit handgeschriebener Adresse, persönlicher Ansprache und liebevoll ausgesuchter Sonderbriefmarke. Ein guter Füllfederhalter gibt Ihrer Unterschrift das gewisse Etwas. Zugegeben, ein bisschen aufwändig. Macht aber was her. Ein kluger Kompromiss könnte so aussehen: Verschicken Sie die erste Einladung per Brief und alle weiteren per E-Mail. Sie wissen ja, der erste Eindruck zählt …

»Einladen« hat in Deutschland zwei Bedeutungen

Wenn wir »einladen« sagen oder schreiben, kann dies schlicht bedeuten: An einem bestimmten Tag zu einer bestimmten Zeit findet etwas statt, wo ich dich gerne dabei hätte. Die Kosten übernimmst bitte du! Aber »Einladung« kann auch bedeuten: Du bist ohne Kosten mein persönlicher Gast! Um Missverständnissen vorzubeugen, ist Klarheit wichtig.

So könnten Sie zum Beispiel formulieren: »In dem Beitrag von 60 Euro ist ein Willkommensgetränk und das Essen enthalten. Weitere Getränke rechnen Sie bitte direkt beim Personal ab.« Oder: »Ich würde Sie gerne als meinen persönlichen Gast begrüßen!« Damit ist alles klar.

Wann verschicken? Etwa sechs Wochen vor Veranstaltungsbeginn sollten Sie die Einladungen losschicken. Das Buchungs- und Entscheidungsverhalten im Allgemeinen hat sich verändert. Selbst bei wichtigen Veranstaltungen halten sich viele bis kurz vor Veranstaltungsbeginn die Option offen, ob sie teilnehmen oder nicht. Es könnte sich ja ein noch besserer Termin ergeben. Erinnern Sie circa drei Wochen vor Beginn noch einmal. Nehmen Sie die aus dem Verteiler, die sich bereits angemeldet haben, um Verwirrung und Nachfragen zu verhindern. Überlegen Sie sich, bis wann Sie Anmeldungen noch akzeptieren. Sie müssen ja dem Hotel eine verbindliche Teilnehmerzahl angeben. Gestatten Sie von daher nur den Mitgliedern und persönlichen VIPs eine kurzfristige Anmeldung.

An Mitglieder und Gäste: Die Quote macht's. Eines der erfolgsentscheidenden Kriterien für ein gutes Netzwerkevent ist die Quote zwischen Mitgliedern und Gästen. Wenn dieses Verhältnis nicht stimmt, kann der Club nicht wachsen und gedeihen. Die Mitglieder erwarten auf der einen Seite, dass sie von Veranstaltung zu Veranstaltung auf mehr bekannte Gesichter stoßen und ihren Dunstkreis erweitern können. Auf der anderen Seite haben sie Spaß an Bewegung und Lust auf ganz neue Gesichter. Gut ist ein Fifty-Fifty-Verhältnis von Mitgliedern zu Gästen. 70 Prozent Mitglieder auf 30 Prozent Gäste ist ein exzellenter Wert, den Sie nur erreichen können, wenn Sie Ihre Mitglieder wirklich nachhaltig motivieren. Schon klar, dass Sie anfangs ausschließlich Gäste haben. Die genannte Quote werden Sie sukzessiv nach circa zwei Jahren erreicht haben. Bewährt hat es sich, wenn Netzwerkinteressenten relativ einfach eine erste Gasteinladung bekommen. Beschränken Sie den Gast-Status auf maximal ein Jahr. Wer sich dann nicht für eine Mitgliedschaft entscheidet, wird es erfahrungsgemäß nie tun. Es gibt Gäste, denen gefällt es nicht bei Ihnen, dann gibt es welche, die fühlen sich sauwohl und dann gibt es die Schauläufer. Die wollten nur gucken. Oder wie die Holländer so nett sagen: »Alleen kijken. Niet koopen« (Nur gucken, nicht kaufen). Hinzu kommen die Dauerschnupperer, die sich die Rosinen herauspicken würden, wenn man sie denn ließe, ohne je eine Verpflichtung einzugehen. Nichtengagierte und Desinteressierte machen Ihre Plattform kaputt.

Die Örtlichkeit

Achten Sie auf eine sehr gute Location, denn Sie werden an Ihrer Umgebung gemessen. Wenn Sie eine verwöhnte, gut betuchte Klientel ansprechen, peilen Sie das beste Haus am Platze an. Sie müssen mit Kosten für Raum und Mediengebühren (Beamer, Mikrofone, CD-Player – alles kostet extra) rechnen. Wenn Sie gut verhandeln, besteht unter Umständen die Möglichkeit, dass man Ihnen die Raumkosten erlässt. Diese Chance haben Sie dann, wenn Sie regelmäßig für eine definierte Teilnehmerzahl buchen und das Buffet gleich mitbestellen. Irgendwann lohnen sich vielleicht eigene Clubräume. Zum Beispiel dann, wenn Sie Ihren Gästen auch räumlich ein Stück Zuhause, ein Wohnzimmer anbieten wollen, wenn Sie die anonyme Hotelumgebung mit ständig wechselnden Ansprechpartnern satt haben und wenn genug Geld da ist.

Fragen Sie auch bei renommierten Clubs mit eigenen Clubräumen nach, ob Sie sich einmal monatlich einmieten können. Der Hafenclub und der Übersee Club in Hamburg oder der Berlin Capital Club haben zum Beispiel eigene Räumlichkeiten. Bitte platzieren Sie Ihre Anfragen auch hier freundlich und respektvoll mit der Haltung »Ein Nein ist okay«. Gerade renommierte Clubs werden ständig mit Anfragen konfrontiert und mögen die weit verbreitete Ich-habe-ein-Recht-darauf-Mentalität überhaupt nicht. Sie haben nämlich kein Recht darauf, private Räumlichkeiten anzumieten. Aber eine Chance, wenn Sie sich gut darstellen. Chancen haben Sie immer dann, wenn der jeweilige Club Ihre Anwesenheit nicht als Konkurrenz empfindet (wer will sich schon selbst eine Laus in den Pelz setzen?), sondern als Bereicherung mit der Möglichkeit auf Synergieeffekte.

Anmeldung und Zahlung der Teilnahmegebühr

Angenommen, Sie haben den Deal »Büffet gegen Raummiete« mit dem Hotel hingekriegt, so dürften die reinen Selbstkosten pro Teilnehmer im Edelambiente bei circa 40 Euro (ohne Getränke) liegen. Verlangen Sie von den Mitgliedern nur die reinen Selbstkosten und von den Gästen einen erhöhten Beitrag. In diesem Beispiel erscheinen 60 Euro adäquat. Von den 20 Euro Differenz pro Gast lassen sich Nebenkosten (für Beamer, Flip-Chart, Geschenk für die Dozenten, Trinkgeld fürs Personal) in der Regel auffangen. Das exerzierte Zweiklassensystem lässt sich begründen: Die Mitglieder haben bereits Mitgliedschafts- und Aufnahmegebühren gezahlt und sich dadurch eine Bevorzugung verdient.

Ein zweites Privileg erleben die Mitglieder bei der Anmeldung und der Zahlung: Gestatten Sie es den Mitgliedern, sich so anzumelden, wie sie es vorziehen (E-Mail, Fax, Telefonat). Wenn sie anrufen, nutzen Sie den Kontakt für eine kurze Beziehungspflege. Zahlen können die Mitglieder (und auch nur die!) am Veranstaltungsabend in bar. Die Gäste werden gebeten, sich schriftlich anzumelden und den Beitrag im Voraus zu entrichten. Wenn Sie als Gastgeber serviceorientiert sind, bieten Sie zwei Zahlungsmöglichkeiten an, zum Beispiel per Überweisung oder per Einzug. Machen Sie es sich leichter: Gestalten Sie das Anmeldeformular so, dass es gleichzeitig als Rechnung gilt. Damit sparen Sie sich viel Arbeit.

Der Ablauf eines Club-Abends

Anfang und Begrüßung: Beginnen Sie zeitig. 18 Uhr eignet sich gut als Starttermin. Gute Netzwerker sollten wach und frisch und nicht müde und abgekämpft erscheinen können. Und der Abend wird noch lang. Sie können davon ausgehen, dass es immer pünktliche und unpünktliche Menschen gibt. Sie werden es kaum schaffen, Ihre Gäste zur Pünktlichkeit zu erziehen. Also machen Sie aus der Not eine Tugend. Lassen Sie Ihre Gäste in aller Ruhe eintreffen und begrüßen Sie jeden Gast persönlich mit Handschlag. Vielleicht gibt es ja beim ersten Treffen einen Prosecco zur Begrüßung? Sie benötigen mindestens eine, besser zwei Personen, die prüfen, ob die Gäste auf der Einladungsliste stehen, die Veranstaltungsgebühr kassieren und die Namensschilder verteilen. Lassen Sie sie auch gegebenenfalls Anschriften oder Namen ergänzen oder korrigieren. Achten Sie darauf, nur in Ausnahmefällen einen Gast zuzulassen, der nicht offiziell eingeladen wurde. Ausnahmen sprechen sich schnell herum und werden ruckzuck zur Regel.

Erste Kontaktaufnahme: Nach der Begrüßung und Registrierung stellen Sie Verbindungen zwischen Ihren Gästen her. Nichts ist grässlicher als eine Atmosphäre, in der man als Fremder kommt und genauso anonym geht. Stellen Sie den bereits anwesenden Gästen einen Neuankömmling vor, initiieren Sie einen freundlichen Smalltalk und kümmern sich erst dann wieder um die übrigen Gäste. Wenn zu viel auf einmal los ist, bitten Sie bereits etablierte Netzwerker, in die Gastgeberrolle einzusteigen und den Neuling einzuführen.

Gut beschäftigt hält die Gäste vorerst auch die Kontaktecke: Hier gibt es einen Tisch und ein oder mehrere Pinnwände, an denen alle Gäste ihre Netzwerkutensilien auslegen können: Visitenkarten, Broschüren, Folder, Terminhinweise, Ausstellungsposter, Veranstaltungskalender, Produktbeispiele oder Fotos. Jeder sammelt ein, was für ihn interessant sein könnte und nimmt in der Zeit bis zum nächsten Clubabend Kontakt mit den Personen auf, die ihn interessieren.

Der Vortrag: Der Dozent des Abends ist inzwischen nun hoffentlich auch eingetroffen. Sie haben ihn sorgfältig ausgewählt und bereits persönlich erlebt. Gerade bei den ersten Treffen ist ein geübter, geistreicher und unterhaltsamer Redner wichtig. Um zwanzig nach sechs dürften circa 80 Prozent der Teilnehmer eingetroffen sein. Nun ist es Zeit, die Plätze für den Vortrag einzunehmen. Begrüßen Sie als Präsidentin oder Präsident die Ehrengäste und Dozenten, dann die Mitglieder und die Gäste und stellen Sie anschließend den Dozenten ausführlich vor.

Bedenken Sie bei der Planung: Redner neigen gerne und häufig dazu, ihre Zeit gnadenlos zu überziehen. Insbesondere Politiker sind da Vorreiter. Klopfen Sie die Redezeit schon im Voraus auf maximal 45 Minuten fest und kalkulieren Sie zusätzlich zehn Minuten für Fragen und fünf Minuten zur Sicherheit ein. Vereinbaren Sie ein zusätzliches Stoppzeichen (T-Geste oder Pappschild). Selbst die besten Vorsichtsmaßnahmen nützen nichts, wenn der Redner noch nicht einmal ansatzweise in Ihre Richtung schaut. Dann hilft nur eins: Stehen Sie nach spätestens einer Stunde auf und deuten damit schon für alle sichtbar ein baldiges Ende an. Nun muss der Redner reagieren. Um noch einigermaßen im Zeitplan zu bleiben, können Sie eventuell die Zeit für Fragen kürzen. Allein die Art Ihrer Frage – offene Form: »Welche Fragen haben Sie?« oder geschlossene Form: »Gibt es Fragen?« – kann die Zuschauer motivieren oder eben nicht.

Positionieren Sie sich für solche Fälle am besten in der vorderen Sitzreihe oder direkt an der Tür. Sie können dann auch Zuspätkommende auf freie Plätze dirigieren. Eine andere Person aus Ihrem Team platzieren Sie in der letzten Reihe. Sie hat die Aufgabe, sich zu melden, wenn der Redner zu leise spricht. Oft bleibt das Publikum höflich oder zurückhaltend und sagt nichts, auch wenn man nur wenig hört. Für die Stimmung ist das jedoch von Nachteil. Wenn der Dozent seinen Vortrag beendet hat, bedanken Sie sich bei ihm mit einem Blumenstrauß oder einem kleinen Gastgeschenk.

Vorstellungsrunde – ja oder nein? Die Teilnehmer eines Netzwerkevents lieben Vorstellungsrunden, auch wenn sie vielleicht den Moment der eigenen Vorstellung noch nicht so richtig genießen können. Zudem sind Vorstellungsrunden in der Regel sehr spannend. Vorausgesetzt, es sind nicht zu viele Personen vertreten, die bei der persönlichen Vorstellung ganz am Anfang beginnen, nämlich mit der Befruchtung der Eizelle. Bei bis zu 30 Personen ist eine Vorstellungsrunde im Plenum machbar. Aber auch nur dann, wenn die Teilnehmer sehr diszipliniert sind und sich an die von Ihnen vorgegebene Regel halten: »Bitte stehen Sie auf. Nennen Sie Ihren Namen und Ihren Beruf. Danke.« Stoppen Sie sofort den allerersten Ausreißer, der so anfängt: »Mein Name ist Karl Huber, ich komme aus Karlsfeld bei Dachau. Normalerweise brauche ich höchstens eine Stunde in die Münchner Innenstadt, aber heute mit den unzähligen Baustellen …« Wenn Sie nicht sofort eingreifen, nehmen alle anderen den Ausschweifer zum Vorbild und Sie können nach der Vorstellungsrunde direkt nach Hause gehen, weil der Abend gelaufen ist. Stoppen Sie ihn mit einem freundlichen, aber bestimmten »Danke, Herr Huber. Sagen Sie uns, was Sie von Beruf sind?«.

Moderiertes Netzwerkevent: Bei mehr als 30 Personen könnten Sie (vielleicht einmal jährlich) eine moderierte Kennenlern-Netzwerkparty oder eine Visitenkartenparty inszenieren. Heuern Sie sich dafür einen Spezialisten an. Sie können dabei zum Beispiel eine Aufgabe stellen, um eine Interaktion zwischen den Teilnehmern aufzubauen:

Suchen Sie eine Person
- mit einem spannenden Lebenslauf
- mit einem großen Ziel
- mit einem außergewöhnlichen Hobby
- die zaubern, jonglieren, singen, tanzen oder Ähnliches kann
- die einen guten Witz erzählen kann

= 5 Namen auf Ihrer Liste; Zeit: 15 Minuten

Geben Sie für die Suche eine feste Zeit vor. Wenn diese abgelaufen ist, eröffnen Sie den Ring für die Vorstellung. Fragen Sie das Publikum: »Wer hat jemanden mit einem spannenden Lebenslauf gefunden?« Bitten Sie die vorgeschlagenen Personen, den Beweis dafür gleich vor dem Publikum zu liefern. So moderieren Sie eine spannende halbe bis dreiviertel Stunde. Bevor die Veranstaltung in den zweiten Teil des Abends – das Essen – übergeht, könnten Sie noch einige wenige Sätze zu Ihrem Club sagen: Hintergrund, Ziel, Mitgliedschaft, Kosten. Beherzigen Sie die Redeformel von Martin Luther: »Tritt fest auf, mach's Maul auf, hör' bald auf!« Verteilen Sie danach die mündlich gelieferten Club-Infos noch einmal in schriftlicher Form (maximal eine DIN-A4-Seite) und entlassen Sie Ihre Gäste ans Büffet.

Das Büffet: Das Essen ist praktischerweise an Stehtischen einzunehmen. Das erlaubt den Anwesenden zu zirkulieren und mehrere Teilnehmer an einem Abend kennenzulernen. Üblicherweise finden die Platzwechsel gleichzeitig mit der Nachschubversorgung statt. Lassen Sie von einem professionellen Fotografen Fotos schießen: vom Organisationsteam, vom Dozenten, von Ihnen, von den Promis, von den gut gelaunten Gästen, vom Büffet (bevor es zerrupft ist), von der Kontaktecke (bevor sie geplündert wurde), von der guten Stimmung, vom Absacker an der Bar. Die Fotos können Sie als Pressefotos und als Dokumentation für Ihr Zehnjähriges gut gebrauchen. Und schon vorher lockern die besten Schnappschüsse Ihren Webauftritt auf.

Vom Gast zum Mitglied in spe: Während der einjährigen »Probezeit« hat der Interessent die Gelegenheit, den Club und seine Mitglieder kennenzulernen. Wenn er klug ist, wird er alle gebotenen Chancen wahrnehmen, das heißt an allen offiziellen Treffen und an Sonderveranstaltungen teilnehmen. Er wird versuchen, so viele Mitglieder wie möglich kennenzulernen – bei den Clubtreffen oder beim Mittagessen. Dabei kann das potenzielle Neumitglied sowohl seine Chancen für eine Annahme einschätzen als auch erfragen, was seine Chancen erhöhen könnte. Faustformel: Hinterlassen Sie einen Eindruck. Einen guten!

Nach dem Ende der Probezeit wird von beiden Seiten eine Entscheidung pro oder kontra Mitgliedschaft getroffen. Gesucht werden grundsätzlich Mitglieder, die einen Club aufwerten und die einen angenehmen Umgangston haben. Abgewiesen werden Anwärter, die deutlich sichtbar nur auf ihre eigenen Vorteile fokussiert sind und sich nicht zu benehmen wissen. Die Entscheidung über die Neuaufnahme wird in der Regel von einem Gremium getroffen. Aber auch die einzelnen Mitglieder werden besonders negatives oder besonders positives Feedback an das Entscheidungsgremium weitergeben. Ist man sich schließlich über den Eintritt in den Club einig geworden, wird ein Aufnahmeformular ausgefüllt, in dem auch rechtliche Feinheiten wie zum Beispiel Datenschutz und Kündigungsfristen geregelt sind.

Ab an die Bar: Die Sache mit den Stehtischen hat den ganz natürlichen Nebeneffekt, dass sich der offizielle Teil der Veranstaltung zeitlich in Grenzen hält. Nach ungefähr zwei Stunden, in denen die Teilnehmer ihr Stehvermögen bewiesen haben, wird der Ungeübte dann doch etwas müde. Oder die Damen mit den hochhackigen Pumps beginnen ihre Fußsohlen zu spüren. Netzwerkgeübte wissen: Das eigentliche Netzwerken beginnt erst in diesem Moment, an der Bar im vertrauten Zweiergespräch. Untrainierte wissen das noch nicht und gehen nach Hause. Und verpassen gute Chancen.

Praxistipp: wählen Sie originelle Zeiten!

Die meisten offiziellen Veranstaltungen finden abends statt. Die meisten informellen Treffs zum Business Lunch. Gute Chancen haben Netzwerkformate die von 16 bis 19 Uhr stattfinden. Da gibt es noch wenig Konkurrenz. Man kann vorher sein Tagespensum erledigen und ist zur Tagesschau zu Hause.

Das Jahresprogramm

Das Jahresprogramm soll Mitglieder und Gäste gleichermaßen interessieren und unterhalten. Und damit es exakt auf den Club zugeschnitten ist, sollten die Mitglieder das Programm bestimmen oder zumindest mitbestimmen können.

Das erste Jahresprogramm von Dr. Weise		
Wann?	*Was?*	*Notiz*
Beginn jeweils um 18 Uhr		
Dienstag, XX. März	Vortrag Herr Dr. Weise: »So bleiben Sie lebenslang attraktiv und vital«	Jeder Teilnehmer, auch die Gäste, bekommt das gleichnamige Buch von Herrn Dr. Weise geschenkt – natürlich handsigniert

Mittwoch, XX. Mai	Vortrag Frau Prof. Inge Engel: »Diät heißt nicht verzichten, sondern klug essen«	Frau Prof. Engel ist eine motivierende Rednerin (stellt ihren Presseverteiler zur Verfügung)
Donnerstag, XX. Juli	Dokumentarfilm »So wird man weise« mit anschließender Diskussion	
Donnerstag, XX. September	Podiumsdiskussion über die Erfolgs-rezepte junger Alter. Gäste: Joachim Fuchsberger*, Barbara Rütting*, Dr. Henriette Keck, 90-jährige Unterneh-merin. Moderation: Rolf von der Lohe, WDR *angefragt	Offizielle Club-Gründung mit Presseeinladung Sponsoringzusage: 5 000 Euro durch Naturkos-metik-Firma
Dienstag, XX. November	Noch ein Highlight: Vortrag »Spielregeln des Lebens für mehr Glück und Erfolg« von Dr. Eva Wlodarek	Exzellente Rednerin, sehr authentisch, Pressemagnet
Mittwoch, XX. Januar des neuen Jahres: Members-only-Jahresplanung und Get-together	Interne Planung	Mit anschließendem kleinem Neujahrsempfang

Was ist bei der Jahresplanung zu berücksichtigen?

Berücksichtigen Sie bei der Programmplanung, dass wichtige Themen auch einen wichtigen Programmplatz bekommen. Stellen Sie sicher, dass Ihre Veranstaltungs-termine nicht mit anderen wichtigen Terminen (Messen, Feiertagen, Kongressen) kollidieren, zum Beispiel mit der CeBIT, der Bundesgartenschau oder auch mit dem Muttertag. Grundsätzlich gelten September, Oktober und November als die aktivs-ten Monate, sie sind daher auch die, in die am meisten Termine gelegt werden. Hier eine Jahresübersicht:

Januar	Am besten für die Jahresplanung »Members only« nutzen.
Februar	Ein guter Veranstaltungsmonat. Auf Karneval achten.
März	Ein mittelprächtiger Veranstaltungsmonat. Auf Feiertage achten.

April	Ein durchschnittlicher Veranstaltungsmonat. Auf Feiertage achten.
Mai	Eine Katastrophe für Veranstaltungen. Zusätzlich zu Feiertagen finden noch Kommunionen, Konfirmationen und Hochzeiten statt.
Juni / Juli / August	Fast jeder hat jetzt einmal Urlaub. Bescheidene Veranstaltungsmonate.
September	Ein guter Veranstaltungsmonat. Auf Konkurrenz achten.
Oktober	Ein exzellenter Veranstaltungsmonat. Auf Konkurrenz achten.
November	Ein guter Veranstaltungsmonat. Auf die Finanzdienstleistungsbranche achten.
Dezember	Ein lausiger Monat für Business-Events.

Eyecatcher im Programm

Manche Veranstalter tricksen gerne mit dem Begriff »angefragt«: Sie setzen einen prominenten Namen als Eyecatcher in den Plan, um sich interessant zu machen. Und angefragt heißt ja schließlich nicht zugesagt. Das kann man mal machen; man sollte es jedoch nicht überreizen. Besser: Gönnen Sie Ihrem Club einmal jährlich etwas Besonderes und beauftragen Sie eine professionelle Eventagentur. Die Guten haben in der Regel auch eine Künstleragentur an der Hand und wissen genau, wann ein Promi ein Buch vermarkten will oder für eine gute Sache Spenden sammelt. Zu beachten ist: Der Promi muss nicht nur prominent sein, sondern vor allem zu Ihrer Zielgruppe passen. Ein Business-Club wird eher durch den Vorstandsvorsitzenden von BMW oder durch einen renommierten Zukunftsforscher aufgewertet als durch Heino und Hannelore (na ja, obwohl Heino aktuell durchaus wieder sehr populär ist! ☺).

Tipp: Termine frühzeitig ankündigen und wiederholen

Sobald sie feststehen, teilen Sie die Jahrestermine den Mitgliedern mit. Zudem stellen Sie die Jahresübersicht ins Internet. Bei jeder Einladung verweisen Sie unter »P.S.« auf den übernächsten Termin. So werden Sie fast jedem Planungstypen gerecht: dem spontan-flexiblen und dem zielstrebig-strukturierten.

Werten Sie Ihr Netzwerk auf

Ein Netzwerk dauerhaft vital am Leben zu erhalten, heißt: für Kontinuität zu sorgen, ohne zu langweilen, die Mitglieder zu binden und gleichzeitig potenzielle Interessenten zu motivieren. Bestenfalls bietet ein Netzwerk ein Stück Heimat. Es gibt eine Vielzahl von Möglichkeiten, wie Sie Ihr Netzwerk aufwerten können.

Visionen und Ziele mit den Mitgliedern teilen

Wenn Sie wollen, dass Ihre Mitglieder mit Ihnen im Gleichschritt marschieren, müssen Sie ihnen die Richtung vorgeben. Lassen Sie sie teilhaben, geben Sie ihnen Infos, zum Beispiel über folgende Aspekte:

- Wo stehen wir heute? (Mitglieder, Berufe, Ergebnis, Reputation, im Vergleich zur Konkurrenz …)
- Wo wollen wir hin? Kurz-, mittel- und langfristig, minimal und maximal? (Mehr Mitglieder, andere Mitglieder, die Nummer eins werden in …, neue Clubräume, Macht, Einfluss, Sponsoren …)
- Was brauchen wir (noch)? Was müssen wir tun? (Prominente Mitglieder gewinnen, Berichte in der Wirtschaftspresse platzieren, Sponsoren motivieren, Angebot besser präsentieren …)
- Mindestens einmal jährlich sollte ein Members-only-Rückblick-und-Ziele-Meeting stattfinden.

Plattform für ehrenamtliche Helfer: Machen Sie die Konsumenten zu Beteiligten. Ob es um die Gestaltung des Internetauftritts Ihres Clubs geht, um die Organisation eines Newsletters, um Fotos, Moderation, Organisation von Ausflügen oder Events – es gibt sicherlich immer Interessenten für ein Ehrenamt. Lohn für die Mühe: Die Helfer gewinnen Praxis, lernen von anderen, holen sich Anerkennung und können sich einen Namen machen. Hier sind natürlich Ihre Führungsqualitäten gefragt: Geben Sie die Marschrichtung vor, aber mischen Sie sich nicht ständig in die Arbeit der anderen ein. Bestehen Sie auf Mindestqualitätsstandards, bieten Sie Rat an, aber seien Sie auch großzügig.

Gemeinsame Auftritte: Gemeinsame Aktivitäten (Messen, Kongresse oder Wohltätigkeitsveranstaltungen) verbinden. Selbstverständlich wird nicht jedes Mitglied mitmachen wollen und das muss ja auch nicht sein. Doch die Nichtmitmacher werden das Ganze aus sicherer Entfernung betrachten. Und sollte die Messe erfolgreich sein, sind sie das nächste Mal natürlich dabei. Sie brauchen nur etwas länger, bis sie sich zu einem Engagement entschließen.

Das Netzwerk von innen heraus aufwerten

Führen Sie ein Zweiklassen-System ein: In der Regel werden Freunde, Bekannte, die Familie und Stammkunden schlechter behandelt als potenzielle Kunden. Tun Sie das nicht! Behandeln Sie Ihre Mitglieder besser als Interessenten oder Gäste. Mitglieder bekommen chice Anstecker und die Möglichkeit, noch in der letzten Minute an einer begehrten Promiveranstaltung teilzunehmen, die eigentlich schon ausgebucht ist. Bevorzugen Sie die Mitglieder auch bei den Zahlungsmodalitäten: Sie können ihren Teilnahmeobolus in bar an der Abendkasse zahlen, während Gäste zehn Tage im Voraus überweisen. Gewähren Sie Rabatte und Vorzugskonditionen. Auch ein »du« unter Mitgliedern, während die Gäste gesiezt werden, wirkt sich positiv aus.

Ehren Sie langjährige Mitglieder: Kontinuität ist durchaus eine rar gewordene Tugend. Es ist leicht, sich bei den kleinsten Schwierigkeiten oder bei der ersten Unzufriedenheit mit kalter Schulter abzuwenden. Ehren Sie Mitglieder für fünf-, zehn-, 20-, 25- oder gar 50-jährige Mitgliedschaft, denn sie sind besondere Menschen.

Installieren Sie eine ehrenvolle Klatsch- und Tratschecke: Ob ein Mitglied einen runden Geburtstag feiert, eine Werbeagentur einen lukrativen Auftrag unter Dach und Fach gebracht hat, jemand einen Preis erhält, ein besonderes Firmenjubiläum begeht, heiratet, ein klasse Handicap erreicht hat, Drillinge oder einen Orden bekommen hat: Gute Nachrichten sind es immer wert, veröffentlicht zu werden. Entweder mündlich anlässlich eines Clubabends, in der Clubzeitschrift oder vielleicht im Members-only-Bereich Ihres Club-Internetauftritts. Dass Sie dabei die Intimsphäre der Mitglieder wahren und gutes Benehmen zeigen, versteht sich von selbst.

Vergeben Sie Preise: Das können interne sowie externe sein. Intern sollten Sie einmal jährlich einen Preis für ein besonders verdientes Mitglied ausschreiben. Bilden Sie ein Gremium, das die Kriterien festlegt und über die Nominierungen entscheidet. Endgültig abstimmen sollten dann alle Mitglieder. Achten Sie insbesondere darauf, dass der Preisträger keine Eintagsfliege ist, sprich er sollte mindestens drei Jahre Mitglied sein. Gestalten Sie hierfür eine schöne Urkunde und einen Pokal. Wenn Sie einen externen Preis verleihen wollen, nutzen Sie das bekannte Phänomen, dass prominenten Personen aufgrund ihres Umfelds eine anziehende Wirkung zugeschrieben wird. Nehmen Sie Kontakt zur Prominenz Ihrer Wahl auf und vergeben Sie einen Preis. Eine offizielle Ehrung hilft enorm, den Zugang zur Zielgruppe herzustellen und zu intensivieren. Und die damit verbundene PR schadet auch nicht unbedingt. Die Fairness-Stiftung vergibt den Fairness-Preis, das Netzwerk der Automobilindustrie verleiht das Goldene Lenkrad, der Bund deutscher Verkaufstrainer den Trainingspreis ... und Sie vergeben eben den goldenen Stiernacken für besondere Hartnäckigkeit oder lassen sich etwas ganz anderes einfallen.

Prägen Sie eine werthaltige Clubkultur: Vermutlich werden Sie geneigt sein, generelle Clubregeln und damit verbunden Regeln für den Umgang miteinander aufzustellen. Das ist prima und wichtig. Viel wichtiger ist jedoch das, was Sie den Mitgliedern persönlich vorleben. Es macht einen großen Unterschied, ob Sie Menschen grundsätzlich vertrauen oder vorsichtshalber zunächst erst einmal misstrauen. Ob Fehler gemacht werden dürfen oder ob die Sache wichtiger ist als die Menschen. Ob bösem Klatsch und Tratsch Gehör geschenkt oder ob er abgewehrt wird. Ob kleine liebenswürdige Gesten wie Glückwünsche zum Geburtstag, zur Hochzeit, zu einer Geburt oder die Anteilnahme bei einem Todesfall wichtig sind. Ob Sie Mitglieder, die aus dem Club austreten, als »Unmenschen« ignorieren oder ob Sie stets jedem gerade in die Augen schauen möchten. Ob Sie eher Großzügigkeit signalisieren oder Geiz. Ob es eine offene Informationspolitik gibt oder ob Informationen zurückgehalten werden. Ob Sie jeden Menschen in seiner ganz eigenen Art so lassen und achten können oder Anderssein verachten. All diese Details gemeinsam ergeben das, was man Atmosphäre nennt. Ein weiteres offensichtliches Indiz, das auf gute Stimmung hinweist: wenn gelacht wird und werden darf.

Guter Service: Dienstleister beweisen ihr Können am besten, indem sie einen Dienst leisten. Sollten Sie Kosmetikerinnen, Masseure oder Krankengymnasten unter Ihren Mitgliedern haben, die nach neuen Kunden in Ihrem Kreise suchen, so können Sie ihnen eine Gelegenheit verschaffen, Ihre Leistung an einem Netzwerkabend kostenlos anzubieten. Auch der Frisör, der aus dem Stegreif wunderschöne Hochsteckfrisuren zaubert, der Hobbyzauberer, der eintreffenden Gästen am Einlass ein Lächeln entlockt, der Scherenschnittkünstler, der jedem zur Erinnerung sein persönliches Konterfei reicht – all dies sind feine Mittel, einen Netzwerkabend aufzuwerten. Und der Win-Win-Effekt ist auch nicht zu verachten. Bedenken Sie aber: Weniger ist mehr. Keine Reizüberflutung! Wenn die Erwartungshaltung der Mitglieder in die Richtung geht, dass bei jedem Treffen etwas Außergewöhnliches passieren muss, geraten Sie ganz schön unter Druck.

Gewinnen Sie prominente Mitglieder: Es kommt einfach gut an, wenn man Prominenz in den eigenen Reihen hat. Sowohl bei den Mitgliedern und bei den potenziellen Mitgliedern als auch bei der Presse. Die einen können offiziell genannt, über die anderen darf höchstenfalls gemunkelt werden. Dabei gilt der Deal: Ihr besorgt mir Geld für meine Stiftung und bewundert mich ein wenig und ich stelle euch meinen Namen für die Mitgliedsliste zur Verfügung. Es versteht sich von selbst, dass Prominente nichts zu zahlen brauchen.

Verlosungen: Angenommen, Sie suchen einen knackigen Club-Slogan. Nichts liegt näher, als Ihre eigenen Leute, sprich die Clubkollegen zu fragen. Und unter den Teilnehmern verlosen Sie anschließend nette Preise. Hier bietet sich alles an, was gestiftet wurde, aber nicht in ausreichender Anzahl für alle Teilnehmer vorliegt: Bücher, (Puls-)Uhren oder ein Wellness-Wochenende für zwei Personen.

Über den Tellerrand blicken

Arbeiten Sie mit der Konkurrenz: »Con« ist lateinisch und steht für »mit« – nicht für »gegen«. Egal, welche Art Netzwerk Sie betreiben, es gibt genug Platz für alle. Wenn Sie mit anderen zusammenarbeiten, können Sie eigentlich nur profitieren. Mit anderen kann vieles leichter gelingen, das alleine sehr mühevoll zu bewerkstelligen wäre. Und bevor Sie und Ihre Konkurrenz Energien vergeuden müssen, indem sie sich bekämpfen, verbünden Sie sich. Das ist schlauer und macht auch mehr Spaß. Das heißt in der Regel allerdings, dass Sie den ersten Schritt machen müssen. Nehmen Sie Kontakt auf, tragen Sie interessierte Konkurrenz in Ihren Verteiler ein, laden Sie sie zu ausgewählten Veranstaltungen zu Mitgliedskonditionen ein. Spielen Sie mit offenen Karten. Finden Sie Gemeinsamkeiten heraus, gewinnen Sie langsam, aber sicher Vertrauen zueinander und machen Sie gemeinsame Sache. Auch hier gilt die Regel: eins plus eins ist mehr als drei. Vertrauen sollte natürlich nicht blindes Vertrauen bedeuten. Es gibt durchaus Konkurrenten, die nicht mitspielen wollen oder andere nicht mitspielen lassen. Auch das ist völlig in Ordnung. Wie gesagt, lassen Sie sich beim Kontaktaufbau ausreichend Zeit, bis sich ein wirklich gutes Gefühl gegenüber dem anderen eingestellt hat. Wenn es nicht dazu kommt, verabschieden Sie sich.

Schaffen Sie Synergien: Denken Sie über Ihr kleines, feines Netzwerk hinaus. Machen Sie gemeinsame Sache mit Kunden, Lieferanten und Dritten. Wenn Manager zu Ihrer Klientel gehören, organisieren Sie doch eine Veranstaltung zum Thema »Mobilität« mit BMW, dem ADAC und einem Golfclub. Oder erfinden Sie einen Work-Life-Balance-Day und treten Sie zum Beispiel gemeinsam mit einer Bank, einer Versicherung, einer Bausparkasse, einem Kinderwagenhersteller, einem Produzenten für Umstandsmoden oder mit einem anderen Unternehmen auf.

Kleine Geschenke zu Werbezwecken nutzen: Positive Überraschungen erzielen nachhaltige Resultate. Ein Geschäftsmensch, der auf sich aufmerksam machen will, tut das sehr leicht, wenn er Nettigkeiten verschenkt. Die Plattform eines Clubs bietet sich da an. Das gefällt den Beschenkten. Das gefällt den Netzwerkbetreibern. Und: Das gefällt dem Schenker, wenn er dadurch den einen oder anderen Kunden gewinnt. Selbstverständlich ist es klug, wenn auf dem Geschenk die Adresse des edlen Spenders vermerkt ist. Und genauso versteht es sich von selbst, dass mit dem Geschenk keine direkten Erwartungen verbunden sind.

Noch heute spricht man im Kreise des WOMAN's Business Clubs von der netten Idee, die sich die Münchner Modedesignerin Hilde Polz hatte einfallen lassen: Für das Novembertreffen 2001 im City-Hilton ließ sie für alle 60 Teilnehmerinnen einen prunkvollen Webpelzmuff nähen. Es war ein sehr beeindruckendes Bild, als die gesamte Truppe mit ihren Muffs am Ende des Abends von dannen schritt. Nicht nur das Hotelpublikum staunte. Auch die Beschenkten waren emotional sehr berührt und erinnern sich noch heute an diese schöne Überraschung. Damit ist deutlich geworden: Wenn Sie schon schenken wollen, seien Sie nicht knickrig. Billige Cremepröbchen oder Erfrischungstücher entlocken heute keinem mehr einen Begeisterungsschrei.

Gütesiegel: Je nachdem, wie groß Ihr Netzwerk ist, könnte ein Gütesiegel für Gastronomie, Produkte oder Dienstleistungen eine Überlegung wert sein. Das funktioniert lokal und natürlich erst recht bundesweit. Machen Sie Ihre Mitglieder dabei zu aktiven Beteiligten. Testen Sie Restaurants, Hotels, Produkte, Dienstleistungen. Es wertet auch Ihren Club auf, wenn an der Tür eines Restaurants der Hinweis »Empfohlen vom Club der Weisen und Glücklichen« zu finden ist. Die Idee dahinter ist ähnlich wie die bei Stiftung Warentest.

Aktionen für Mitglieder

Besonders schlau sind Netzwerkevents, die offiziell nicht wie eine Veranstaltung wirken. Ob Skifahren oder Grillen, Volleyball-Turnier oder Wattwanderung – egal. Immer dann, wenn die richtigen Menschen zusammenkommen und entspannt sind, wird viel gelacht, geredet und so manches Fundament für Größeres gebaut. Hier bin ich Mensch, hier darf ich's sein. Das ist Kreativität pur. Teuer? Mitnichten. Sie müssen überhaupt nichts bezahlen. Jeder übernimmt seine eigenen Kosten. Sie brauchen lediglich eine gute Idee und müssen die Sache organisieren beziehungsweise organisieren lassen. Ebenfalls wichtig: die ersten fünf Menschen zur Teilnahme zu motivieren.

Definieren Sie Ihre ganz persönliche Top-Ten-Liste (es können auch mehr sein, je nach Art der Veranstaltung), auf der Sie die Menschen notieren, zu denen Sie ganz persönlich eine Beziehung aufbauen oder auffrischen wollen. Rufen Sie sie persönlich an, bereiten Sie sie auf das Event und die in Kürze folgende offizielle Einladung vor und machen Sie deutlich: »Sie hätte ich gerne dabei!« Natürlich nur, wenn Sie es auch genauso meinen. Allein das ist schon ein Hammer, weil das selten genug gemacht wird. Und wenn Sie dann auch noch sagen können »Und der Herr Bundespräsident wird uns auch die Ehre geben« (alternativ Hape Kerkeling, Rudi Völler, Oliver Kahn, Bully oder Pippi Langstrumpf ...), haben Sie schon gewonnen, natürlich vorausgesetzt, Ihr Wunschteilnehmer hat Zeit. Die Liste der Event-Möglichkeiten ist lang, lassen Sie sich etwas einfallen, zum Beispiel:

- Sportwettkämpfe, zum Beispiel Beachvolleyball, (Tisch-)Tennis, Bogenschießen, Boccia, Tretroller-Parcours, eine Renaissance der Bundesjugendspiele, Back-to-the-Roots-Events wie Sackhüpfen, Topfschlagen, Eierlaufen oder Blindekuh
- Karaoke-Party (am besten zu fortgeschrittener Stunde, nicht vorher ankündigen und zwei, drei Profisänger als Stimmungsmacher auf die Bühne schicken)
- Skihütten-Wochenende
- Spieleabend
- Networking am Kamin
- Geschichtenerzählabend oder Sonntag der Poesie
- Floßfahrt, Paddeltour, Rad- oder Motorradtour
- Theaterwochenende mit Premiere
- Wöchentliches Lauftraining mit Vorbereitung auf gemeinsamen Zehnkilometerlauf oder Marathon
- Wellness-Wochenende
- Wüstentour
- Besichtigung einer Schokoladenfabrik
- Disney-Land nur für Erwachsene
- Ritterspiele
- Fischkochkurs
- Weinprobe oder Whiskyverkostung
- Besuch der Bundesgartenschau
- Posaunenkurs für Anfänger
- Überlebenstraining im Bayerischen Wald

- Modelleisenbahnspiel für Führungskräfte
- Affen füttern im Frankfurter Zoo
- Engpässe überwinden auf einer Wanderung durch die Breitachklamm

Gleichzeitig ist dies auch die ideale Gelegenheit für Sie, sich eigene Wünsche zu erfüllen. Denn schließlich müssen Sie als Gründer auch mit Spaß bei der Sache sein. Welche Träume wollten Sie immer schon einmal Realität werden lassen? Der richtige Moment ist jetzt. Nehmen Sie einfach ein paar Netzwerker mit. Selbstverständlich sollten Sie bei einer solchen Unternehmung ein paar nette Fotos machen, die Sie eine Woche nach dem Event als lebenslange Erinnerungshilfe verschicken. Nichts verbindet so sehr wie ein Stück gemeinsame Geschichte und die Erinnerungen daran.

Sponsoring

Ob Sekretariat, eine chice Imagebroschüre, ein ansprechender Internetauftritt, ein gelungener Netzwerkabend, hochwertige Clubräume, erstklassige Redner – all das lässt sich nicht nur durch Mitgliedsbeiträge finanzieren. Und auch Gala-Empfänge, Preisverleihungen oder Charity-Veranstaltungen werden erst durch gute Sponsoren so richtig wertvoll. Wenn Sie eine gute Plattform betreiben, werden Sie auch gute Sponsoren akquirieren. Mit wertvollen Kontakten findet man sogar Sponsoren für ein Netzwerk, das noch im Aufbau ist.

Das brauchen Sie, um Sponsoren zu bekommen

- Ein Ziel: Am 31.12.20xx haben wir zehn Sponsoren à 5 000 Euro.
- Ein Top-100-Sponsoren-Portfolio: eine Liste aller potenziellen Sponsoren, die zu Ihnen und zu Ihrem Netzwerk passen.
- Eine Vorteilsliste: Machen Sie sich Gedanken darüber, was ein Sponsor davon haben könnte, wenn er Sie unterstützt.
- Einen Plan: Wer macht was, wie, wann?
- Ein Info-Paket: Wer sind Sie? Was tun/wollen Sie? Warum ist es eine gute Idee, wenn man einen gemeinsamen Weg geht?
- Die richtige Haltung: Sie wollen Ihren Gesprächspartner von einer richtig guten Chance überzeugen. Wenn ein »Nein« käme, wäre das zwar schade, aber völlig okay.

Bevor Sie sich gut gelaunt ans Werk machen, installieren Sie zuerst einmal einen Miesmacherfilter. Lassen Sie sich auf keinen Fall von Menschen ins Bockshorn jagen, die »beim besten Willen« überhaupt keine Vorteile und keinen Nutzen für einen potenziellen Sponsor erkennen können. Und lassen Sie sich bei Ihren Anfragen nicht von dem vermeintlichen Killerargument »Unsere Firmenpolitik regelt ganz klar, wo wir sponsern und wo nicht. Ihre Anfrage passt leider nicht zu unserer Strategie« zur Aufgabe zwingen. Hier ist ein echter Profi gefragt, den Stolpersteine zu Höchstleistungen motivieren. Die beiden gerade beschriebenen Fälle werden eintreten – so sicher wie das Amen in der Kirche. Und das bedeutet für Sie lediglich eine Kurskorrektur. Das war nicht der richtige Kontakt oder noch nicht der richtige Zeitpunkt. Der zielorientierte Profi verfällt sofort ins genetisch programmierte Jäger- und Sammlerverhalten à la »Früher oder später kriege ich dich!«.

Sie wissen natürlich auch, dass außer Ihnen noch der Fußballclub Apolda-Nord, der Posaunenchor Obersendling, der Verein für Männerinteressen, der blauweiße Kaninchenzuchtverein, der Charity-Club Helvetia, die Hochbegabtenförderung, der Lehrer- und Lehrerinnenverband, die verlassenen Matrosenwitwen, alle politischen Parteien und so weiter auf Beutezug sind. Allein 545 000 Vereine gibt es in Deutschland. Und jeder Verein, jeder Club, jede private oder institutionelle Vereinigung hat mindestens genauso gute Gründe wie Sie, an das Geld anderer kommen zu wollen. Vor allem deswegen ist ein klares Ziel auch in Sachen Sponsoring wichtig. Ihre Verbündeten sollten ganz genau erkennen, was Sie wollen und wer Sie sind. Sie müssen sich darüber hinaus klar von anderen Sponsorensuchern abgrenzen.

In Ihr Sponsoring-Portfolio nehmen Sie nur die Zielfirmen auf, die zum Netzwerk passen und die Sie persönlich wertschätzen. Verkaufen Sie Ihre Seele nicht, Sponsoren verdienen Ihre ganz persönliche Wertschätzung. Und die müssen Sie aufbringen können, um in der Lage zu sein, die geforderte Gegenleistung zu bringen. Angenommen, Ihr Hauptsponsor wäre die lokale Fleischfabrik, dann müssten Sie auf Ihren Lieblingsspruch »Nur Pflanzenfresser sind erfolgreich« verzichten.

Hape Kerkeling sang einst: »Das ganze Leben ist ein Quiz und wir sind nur die Kandidaten ...« Und genauso ist es. Jeder Kandidat will (auch einmal) gewinnen. Win-Win: Beide Seiten wollen etwas vom Kuchen abhaben. Sie werden Ihre Wunschsponsoren nur dann gut motivieren können, wenn Sie sich darüber Gedanken gemacht haben, welche Vorteile für diese dabei herausspringen. Die Angebote, die Sie einem Sponsor machen, gehen erst mal auf ihre eigenen Überlegungen zurück. Sie wissen ja zunächst nicht, ob das Unternehmen Ihrer Wahl sein Image pflegen will (passen Sie überhaupt zu diesem Image, schätzen Sie es richtig ein?), ein neues Produkt auf dem Markt einführen möchte oder ob der potenzielle Sponsor vielleicht dringend gute Mitarbeiter sucht und dabei auf Beziehungsmanagement baut. Mit einer Sponsoren-Vorteilsliste unterbreiten Sie ein Angebot, das zunächst vielleicht nur als Inspirationsquelle dient.

Die Sponsoren-Vorteilsliste:
Was hat Ihr Club einem Sponsor zu bieten?

Beim Success-Club hat man sich Gedanken darüber gemacht, was den Club für Sponsoren attraktiv machen könnte. Dem Sponsoring-Anschreiben legt man die folgende Liste bei.

Als Success-Club-Businesspartner können Sie folgende Leistungen buchen:

- Clubmitgliedschaft lokal oder bundesweit bis zehn Personen, bis 50 Personen, unbegrenzt: Preis nach Angebot
- Eine Ehrenmitgliedschaft (1 000 Euro pro Jahr)
- Eine Patenschaft für eine Veranstaltung (2 500 Euro). Hinweis auf der Einladung: »Powered by Wunschsponsor AG«. Für Patenschaften gilt: Langfristige Kooperationen werden gewünscht, ein jährliches Engagement angestrebt.
- Grußwort des Sponsors beim Jour fixe (maximal zehn Minuten)
- Auslegen von Werbebroschüren
- Werbung auf der Internetseite des Clubs
- Vortrag anlässlich eines ordentlichen Club-Treffens (sofern das Thema inhaltlich ins Clubkonzept passt)
- Vortrag zu einem Extra-Termin
- Produktverkauf (als Extra-Veranstaltung oder zum Beispiel drei Stunden vor dem Jour fixe)
- Gemeinsame Aktivitäten, zum Beispiel: Beteiligung an einer Messe oder einem Kongress, Mentoren-Aktion beziehungsweise Crossmentoring, Golfturnier usw.
- Gütesiegel »Empfohlen vom Success Club«
- Produktsponsoring für die Teilnehmer eines Club-Abends (je Teilnehmer ein Artikel aus Ihrer Produktpalette)

Gerade was die gemeinsamen Aktivitäten betrifft, sind der Fantasie keine Grenzen gesetzt. Wenn Sie mit einem Autohersteller ins Geschäft kommen, könnten Sie eine Presseaktion unter dem Motto »Fahrertraining mit dem Club der Weisen und Glücklichen« starten. Oder die Club-Mitglieder treten bei einem Stadtlauf mit den Trikots eines Sportartikelherstellers an. Denkbar wäre auch ein Kochkurs für Business-People mit einem führenden Haushaltsgerätehersteller und TV-Köchin Sarah Wiener, eine Modenschau mit einer Bekleidungsfirma oder eine Tombola zugunsten eines Coaching-Telefons für Schul- und Uniabsolventen. Machen Sie sich Gedanken darüber, was Ihnen und Ihrem Sponsor Freude und den gewünschten Business-Erfolg bescheren könnte.

Tipp: Fragen kostet nichts

Sie geben sich keine Blöße, wenn Sie Ihren potenziellen Sponsor ganz gezielt fragen, was er sich für sein Engagement wünscht.

Im Normalfall sind wir mit unseren Antworten schneller dabei als mit guten Fragen. Die Sponsoren-Vorteilsliste wird zeigen, dass wir uns vorab Gedanken gemacht haben. Sie wird den Sponsor eventuell inspirieren. Und er wird sich positionieren. Ein Sponsor weiß meistens ganz genau, welche Gegenleistung er im Moment gern hätte. Und die kann sich gehörig von unseren Vorstellungen unterscheiden, allein aus dem Grund, dass wir die aktuelle Situation des potenziellen Sponsors weder genau kennen noch einschätzen können. So kann es zum Beispiel sein, dass

- ein IT-Unternehmen für sein Spezialthema dringend Mitarbeiter sucht und deshalb gerne Projekte für Hochschüler finanziert,
- ein konservativer Automobilhersteller einen Imagewechsel vornehmen will und gezielt junge Manager und Querdenker fördert,
- eine Firma ganz besonders Frauenprojekte unterstützen will, weil sie in der Lokalpresse ein frauenfeindliches Image hat,
- ein Pharmaunternehmen gerne zukünftig Seniorenprojekte sponsert, weil dort seine Zielgruppe für ein neues Medikament sitzt,
- ein bestimmter Unternehmer als humorlos gilt, das Gegenteil beweisen will und deshalb gerne den Jahresausklangsausflug eines Lachclubs finanzieren wird.

Wenn Sie Ihr Top-100-Sponsoren-Portfolio und die Sponsoren-Vorteilsliste zusammengestellt haben, können Sie loslegen: Mit einem Standardanschreiben, das Sie jeweils individuell auf Ihren Ansprechpartner abstimmen, wenden Sie sich an die Firmen, die Sie als Business-Partner für Ihr Netzwerk gewinnen möchten. Damit Ihr (hoffentlich) zukünftiger Geschäftspartner weiß, mit wem er es zu tun hat und wie sein Engagement aussehen könnte, legen Sie dem Schreiben die Sponsoren-Vorteilsliste, Ihre Clubbroschüre und eine Pressemappe bei.

Anschreiben an die Sponsoren des Success Clubs, Frankfurt

Firma
Höppeldipöpp AG
Central Marketing
Herrn Frank Wiesner
Gute-Hoffnung-Allee 7
70555 Steinbeiss

14. Februar 20xx

Sehr geehrter Herr Wiesner,

der Success Club hat sich in den letzten fünf Jahren zu einem der bedeutendsten Netzwerke im Großraum Frankfurt entwickelt. Der Club hat 450 Mitglieder aus unterschiedlichen Branchen, die Positionen auf Führungs- und Vorstandsebene einnehmen. Dazu kommt ein weit verzweigtes Kontaktnetz.

Warum wir Ihnen das erzählen? Weil dieses Netzwerk eine hochinteressante Zielgruppe für Ihr Unternehmen [Name eintragen] und Ihre Produkte darstellt: erfolgsorientierte Topmanager im Alter zwischen 30 und 50 Jahren, gut informiert, businessorientiert, kaufkräftig, markenbewusst, offen für Neues, aktiv und entscheidungsfreudig.

Wir sind genau die Konsumenten und Multiplikatoren, die Sie suchen. Wir bieten Ihnen eine einzigartige Plattform, um Ihr Unternehmen, Ihre Philosophie, Ihre Produkte und Informationen zu präsentieren. Als Success-Club-Business-Partner können Sie zum Beispiel unseren Verteiler und unsere Netzwerkkontakte nutzen, Veranstaltungen aktiv mitgestalten oder sponsern, Präsentationen durchführen, Informationen verteilen und und und. One-to-One-Marketing mit vielfältigsten Möglichkeiten.

Wenn Sie sich für den Success Club und eine Businesspartnerschaft interessieren, freue ich mich sehr auf Ihren Anruf und den gemeinsamen Ideenaustausch.

Bis dahin wünsche ich Ihnen eine schöne Woche!
Mit freundlichen Grüßen
Olaf von Bodin
Präsident

Bei der Akquisition von Sponsoren ist eine selbstbewusste, lösungsorientierte Haltung wichtig. Machen Sie sich bewusst, dass Sie kein Bettler sind, sondern dass Sie ein gutes Geschäft auf Gegenseitigkeit anbieten. Sie sind ein Partner. Oder wollen es werden. Wenn Ihr potenzieller Partner seine Chancen nicht erkennt, geben Sie ihm Zeit. Helfen Sie ihm mit Beispielen oder mit zusätzlichem Informationsmaterial. Vielleicht mag er auch die erste Veranstaltung abwarten und ist dann beim nächsten Mal dabei. Und wenn nicht: Andere Firmenmütter haben auch schöne Söhne.

Bei allen Sponsoringaktionen, an denen ich beteiligt war, hat uns die Haltung »Ein Nein ist o.k.« Türen und Herzen geöffnet. Und häufig hat sich aus dem Kontakt eine gute Beziehung entwickelt, auch wenn zunächst vielleicht kein Sponsoring drin war.

Der Sponsoring-Aktionsplan

- Ziel bestimmen
- Team bilden
- Sponsoren identifizieren
- Sponsoren-Vorteilsliste erstellen
- Medienpaket erstellen (Anschreiben, Clubbroschüre, Pressemappe)
- Ablaufplan festlegen
- Anschreiben verschicken
- Telefonisch nachfassen (mindestens eine Woche, maximal zwei Wochen nach Versand)
- Persönliche Gespräche mit dem potenziellen Sponsor führen
- Erfolge feiern und sich tüchtig freuen!

Was ist des Gründers Lohn?

Wenn Sie ein Netzwerk gründen und diese Aufgabe ernst nehmen, haben Sie sich definitiv und freiwillig eine Menge Arbeit aufgehalst. Ein Dankeschön brauchen Sie dafür nicht zu erwarten, es sei denn, Sie legen es darauf an, enttäuscht zu werden. Ruhm und Ehre kommen – wenn überhaupt – erst nach vielen Jahren des Engagements. Damit Sie persönlich bei der Stange und bei Laune bleiben, gilt auch für Sie als Gründer: Holen Sie sich Ihren Spaß und Ihren Nutzen! Definieren Sie schon beim Aufbau des Netzwerks Ihre persönlichen Erfolgskriterien und Meilensteine. Woran erkennen Sie, dass Ihr Netzwerk erfolgreich ist? Zum Beispiel an der Zahl der Mitglieder, einer jährlichen Steigerung der Mitgliedszahlen um x Prozent oder daran, dass Sie doppelt so viele Mitglieder haben wie die Konkurrenz? Oder legen Sie bestimmte Qualitätskriterien oder einen gewissen Bekanntheitsgrad fest (zum Beispiel: ein Artikel pro Monat in der Wirtschaftspresse über Ihr Netzwerk, ein Auftritt im »heute journal« oder Ähnliches). Und nicht zu vergessen: Definieren Sie genau, wie Sie sich ganz persönlich belohnen wollen, wenn Sie einzelne Etappenziele erreicht haben. Durch Ihre Arbeit werden Sie auch noch auf andere Art belohnt, zum Beispiel indem Sie

- Mitstreiter gewinnen, die ganz neue Ideen in die gemeinsame Sache einbringen und sich engagieren. Und mit mehreren Menschen macht's auch mehr Freude.
- die Macht gewinnen, etwas zu bewegen, eine Sache voranzubringen. Wie zum Beispiel Dr. Norbert Copray von der Fairness-Stiftung in Frankfurt, der ein Netzwerk initiiert hat, das sich gegen Mobbing und Rufmord im Management wehrt. Ehrenamtliche Helfer geben Seminare und betreuen ein Sorgentelefon. Firmen sponsern. Ein Newsletter wurde auf die Beine gestellt. Ein einziger Mensch brachte viele kleine Steinchen ins Rollen, die eine Lawine an Engagement und Beachtung produzieren.
- Ihren persönlichen PR-Wert steigern. Anfangs wird allein Ihr Name mit dem Netzwerk verbunden werden. Achten Sie jedoch darauf, dass sich Ihr Name nicht verbraucht. Sobald Sie sich in Ihrer Szene etabliert haben, reduzieren Sie Ihre persönlichen Auftritte. Lassen Sie nun andere dran. Machen Sie sich rar und werden Sie geheimnisvoll.

- einen Institutionsstatus erreichen. Ein einzelner Manager bleibt ein Manager. Wenn dieser jedoch Präsident des »Europäischen Netzwerks für Zukunft« ist, hat er eine ganz andere Wirkung, seine Aussagen haben einen höheren Stellenwert und er wird ganz anders wahrgenommen.

- als Netzwerkgründer persönlich im Mittelpunkt stehen. Das heißt, Sie müssen nicht allein auf andere zugehen, sondern Sie haben für andere einen Grund geschaffen, auf Sie zugehen zu können.

- Menschen kennenlernen, die Sie vielleicht schon immer treffen wollten. Laden Sie sich Ihre ganz persönlichen VIPs ein. Das kann der Bürgermeister Ihres Ortes sein, ein Politiker, eine Romanautorin, ein Mitbewerber, eine Designerin, ein Vorstand eines DAX-30-Unternehmens. Und nehmen Sie den Begriff »Einladung« wörtlich. Zahlen Sie die gesamte Zeche Ihrer VIPs. Ob die Promis nun kommen oder nicht, Ihren Namen haben sie zumindest schon einmal mitgekriegt.

- auch Kunden gewinnen. Aus dem Kreis der Teilnehmer, der Sponsoren, über die Presse. Das kommt ganz automatisch, wenn Sie sich elegant präsentieren. Halten Sie also nicht hinter dem Berg damit, womit Sie Ihre Brötchen verdienen. Nutzen Sie Ihren Status und Ihre Chancen, verraten Sie Ihr Netzwerk aber niemals und geben Sie es nicht billig für irgendetwas her.

- dazulernen. Genießen Sie die Vorträge. Achten Sie darauf, gute Vortragsredner zu engagieren, die mit Neuem aufwarten. Die faszinieren, begeistern, bereichern, Vergnügen bereiten. Für die zweite Garnitur ist die Zeit zu schade.

- Ihre Persönlichkeit entwickeln, weil Sie führen, motivieren, moderieren, strukturieren, Ziele setzen und erreichen, präsentieren, Konflikte managen, mit unterschiedlichen Charakteren umgehen, verschiedene Interessen und Meinungen berücksichtigen und gleichzeitig authentisch bleiben und Ihren Weg gehen.

Ich wünsche Ihnen viel Vergnügen beim Netzwerken!

Ihre Monika Scheddin

Adressliste: Die besten Business-Netzwerke im deutschsprachigen Raum

Anmerkungen zur Adressliste

Die Netzwerkadressen wurden nach bestem Wissen und Gewissen recherchiert: beispielhaft und branchenübergreifend ohne den Anspruch auf Vollständigkeit. Von Plattformen für Einsteiger bis hin zu etablierten Clubs.

Einige Plattformen verstehen sich keinesfalls als Business-Netzwerke (zum Beispiel die sogenannten Serviceclubs, also Wohltätigkeitsclubs wie Lions oder Rotary).

Dennoch werden hier exzellente Beziehungen geknüpft, die durchaus in lukrative Jobs oder Aufträge münden können.

Insbesondere elitäre Gesprächskreise hatten überhaupt kein Interesse daran, offiziell in eine Netzwerkliste aufgenommen zu werden. Man will keine Bewerber von außen abwimmeln müssen, sondern sucht sich seine Teilnehmer gern aus den eigenen Reihen. Trotzdem sollten Sie wissen, wo Ihre zukünftigen Plattformen sein könnten. Bei den meisten Vereinen und Verbänden wechseln die Amtsträger nach einer (meist ehrenamtlichen) Amtsperiode von zum Beispiel zwei Jahren. Fragen Sie vorsichtshalber nach, an wen Sie sich wenden sollten, wenn Sie Kontakt aufnehmen wollen.

Meine Kriterien für die »besten« Netzwerke

Bei unserer Suche nach den besten Netzwerken habe ich jeweils die folgenden Punkte überprüft:

- Aktivitäten und Programm
- Mitglieder aus dem Businesskontext
- Kontinuität der Netzwerke oder Clubs
- Mitgliederzahl

Auch die folgenden Dienstleistungskriterien wurden bewertet:

- Wie lange dauerte es, bis wir – wenn überhaupt – eine Antwort auf unsere schriftliche Anfrage erhielten?
- Wie höflich wurde man – wenn überhaupt – am Telefon behandelt?
- Wie offen ist man generell für neue Mitglieder?

Ihr Feedback wäre ganz wunderbar!

Ich habe mir vorgenommen, die Adressliste auf dem aktuellen Stand zu halten. Wenn Sie ein Business-Netzwerk kennen, das Ihrer Meinung nach hier aufgenommen werden sollte, lassen Sie es mich bitte wissen. Und wenn Sie der Meinung sind, dass ein bestimmter Club oder Verein nicht in die Liste der wichtigsten Netzwerkadressen gehört, lassen Sie es mich auch wissen.

Eine kurze E-Mail an Monika@Scheddin.com genügt! Herzlichen Dank!

AEGEE – Association des Etats Généraux des Etudiants de l'Europe	
Niederlassungen	Europa; 240 Lokalgruppen; Sitz der Zentrale in Brüssel
Hintergrund	AEGEE wurde 1985 in Paris gegründet und hat ca. 15 000 Mitglieder in ganz Europa. Aus den Mitgliedsriegen haben sich höchstinteressante informelle Ehemaligen-Netzwerke ergeben
Ziele	Vorwiegend Studierende aus verschiedensten Regionen begegnen sich ungeachtet geografischer, wirtschaftlicher, politischer und fachlicher Grenzen. Gegenseitiges Verständnis, Einblicke in fremde Lebenswelten und Resistenz gegen Vorurteile und Pauschalisierungen öffnen die Augen für die Vielfalt Europas, seine Chancen und Probleme
Aktivitäten	Workshops, Vorträge, Events, NGO-Arbeit, Seminare und Ausbildungen, Sommeruniversitäten, »Fun-Events«
Wer kann Mitglied werden?	Mitglied kann jeder werden, der sich für Menschen interessiert und sich mit der Idee Europas identifizieren kann. Die Mitglieder sind vorwiegend Studenten und in der Regel zwischen 20 und 35 Jahre alt
Mitgliedsbeitrag	Jahresbeitrag ca. 22 Euro
Adresse	www.aegee.org
AGD Allianz deutscher Designer	
Niederlassungen	Regional in allen Bundesländern
Hintergrund	Die AGD wurde 1976 gegründet und ist der größte Berufsverband für freiberufliche Designerinnen und Designer in Deutschland. Rund 3 000 Spezialisten unterschiedlicher Design-Sparten haben sich zu einem Service-Pool zusammengetan
Ziele	Die AGD will, dass Designer angemessen bezahlt werden, vertritt die Interessen von Designerinnen und Designern und wirbt für Design-Profis

Aktivitäten	Beratung in Vergütungs-, Rechts- und Steuerfragen, Veranstaltung von Seminaren, regionale und überregionale Treffen, Kooperationsmöglichkeiten
Wer kann Mitglied werden?	Selbstständige oder freiberufliche Designer und Designerinnen aller Designbereiche
Mitgliedsbeitrag	Jahresbeitrag 240 Euro
Adresse	www.agd.de

Ambassadors Club Germany – ACD

Niederlassungen	Weltweit
Hintergrund	Ambassador Clubs gibt es weltweit in 22 Ländern. Sie gliedern sich unter dem Dach des Internationalen Ambassador Clubs (IAC), dem mehr als 4200 Menschen, davon etwa 1100 in Deutschland angehören. Der erste Ambassador Club wurde 1956 als Herrenclub in der Schweiz gegründet
Ziele	Für den Ambassador Club steht im Vordergrund, dass seine Mitglieder individuell gesellschaftliche Verantwortung übernehmen. Ambassadoren verstehen sich als Botschafter einer humanitären Wertegesellschaft und treten im Rahmen ihrer Möglichkeiten für die Völkerverständigung ein
Aktivitäten	Monatliche Treffen, Betriebsbesichtigungen, Gedankenaustausch, Fachreferate, kulturelle Veranstaltungen und gesellschaftliche Anlässe mit Einbezug der Familien
Wer kann Mitglied werden?	Ambassador wird man auf Vorschlag eines Mitglieds eines regionalen Clubs. Für die Aufnahme ist die Zustimmung aller Mitglieder erforderlich. Dabei sind Herkunft, Alter, Geschlecht und Beruf nicht entscheidend. Kriterien sind: charakterliche Eigenschaften wie Zuverlässigkeit und Verlässlichkeit, Verantwortungsbewusstsein dem Menschen und der Umwelt gegenüber und die Bereitschaft, sich im Clubleben zu engagieren
Mitgliedsbeitrag	Keine Angabe
Adresse	www.ambassadorclub.org

ASU Die Familienunternehmer

Niederlassungen	Bundesweit; zahlreiche Regionalgruppen
Hintergrund	Im Jahr 1949 von 80 Unternehmern gegründet; heute zählt der Unternehmerverband rund 5 000 Eigentümer-Unternehmer zu seinen Mitgliedern
Ziele	Politische Interessenvertretung für Familienunternehmer
Aktivitäten	Fortbildungsveranstaltungen, Fach- und politische Diskussionen, Betriebsbesuche etc.

Wer kann Mitglied werden?	Unternehmer, die ein Unternehmen leiten, an dem sie maßgeblich beteiligt sind, das im Handelsregister eingetragen ist, mindestens zehn Mitarbeiter hat und einen Jahresumsatz von mindestens 1 Million Euro erzielt
Mitgliedsbeitrag	Mindestbeitrag 800 Euro, ansonsten nach Selbsteinschätzung
Adresse	www.familienunternehmer.eu

Atlantik-Brücke

Niederlassungen	Berlin
Hintergrund	Die Atlantik-Brücke wurde im Jahr 1952 als überparteiliche Vereinigung gegründet und ist heute ein gemeinnütziger, privater und überparteilicher Verein mit circa 500 Mitgliedern in Deutschland
Ziele	Die Atlantik-Brücke hat das Ziel, eine Brücke zwischen Deutschland und den Vereinigten Staaten zu schlagen. Im Mittelpunkt ihrer Aktivitäten steht das Bemühen um ein besseres gegenseitiges Verständnis
Aktivitäten	Begegnungs- und Austauschprogramme, Konferenzen und Expertengespräche, Vortragsveranstaltungen, Mitgliederreisen in die USA, Preisverleihungen, Young-Leaders-Programm, Arbeits- und Regionalgruppen
Wer kann Mitglied werden?	Deutsche und amerikanische Entscheidungsträger aus Wirtschaft, Politik, den Streitkräften, der Wissenschaft, den Medien und der Kultur und auch Nachwuchsführungskräfte; die Mitgliedschaft erfolgt auf Einladung
Mitgliedsbeitrag	Keine Angabe
Adresse	www.atlantik-bruecke.org

Baden-Badener Unternehmergespräche

Niederlassungen	Baden-Baden
Hintergrund	1955 gegründetes Diskussionsforum über grundsätzliche Fragen unternehmerischer Tätigkeit und Verantwortung; starkes Wirtschaftsnetzwerk mit über fünfzigjähriger Tradition
Ziele	Bieten Gelegenheit zur persönlichen Begegnung von besonders qualifizierten Nachwuchskräften mit obersten Führungskräften der Wirtschaft; unternehmensübergreifender Erfahrungsaustausch; Kontakte auf nationaler und internationaler Ebene; höchste Reputation – so gilt bei Siemens die Nominierung zu den Baden-Badener Unternehmergesprächen als Ritterschlag zur Vorstandsfähigkeit
Aktivitäten	Zweimal pro Jahr gehen Führungskräfte aus Wirtschaft, Politik, Non-Profit-Organisationen und Wissenschaft miteinander drei Wochen in Klausur, es gibt Referate zu Managementthemen und gemeinsame Freizeitaktivitäten (von Kochen bis Gokart fahren)

Wer kann Mitglied werden?	Maximal 30 Teilnehmer zweimal pro Jahr; Kriterien sind u. a. sieben Jahre Führungserfahrung, davon zwei in der Unternehmensleitung oder deren Stab und erkennbare Eignung für die Top-Etage; Geschäftsleitungen melden Bewerber an; Höchstalter bei Eintritt: 50 Jahre; über die Aufnahme entscheidet ein Zulassungsausschuss, der aus Mitgliedern des Vorstandes der Gesellschaft besteht
Mitgliedsbeitrag	Keine Angabe
Adresse	www.bbug.de

Bergedorfer Gesprächskreis

Niederlassungen	Bergedorf, Hamburg, Berlin, Bonn, München, Helsinki, Peking, Moskau, Genf, Paris
Hintergrund	Die Körberstiftung möchte durch die Förderung multikultureller Dialoge gesellschaftliche Beziehungen über nationale Grenzen hinaus verbessern. Seit 1961 trifft sich der Bergedorfer Gesprächskreis als offenes Forum zum internationalen Meinungsaustausch
Ziele	Das Ziel der Dialoge ist: jenseits der eigenen Disziplin von den Erfahrungen und Perspektiven anderer lernen und diese neuen Erkenntnisse multiplizieren
Aktivitäten	Themen sind z. B. West-Ost-Entspannungspolitik, europäischer Einigungsprozess, Zukunftsfähigkeit von Wirtschaft und Gesellschaft, Podiumsdiskussion, Symposien
Wer kann Mitglied werden?	Keine Mitglieder; es werden Spezialisten zu den verschiedenen Themen als Referenten eingeladen, dazu Politiker, Journalisten, Personen aus der Wirtschaft
Adresse	www.koerber-stiftung.de

BDS/DGV Bundesverband der Selbstständigen

Niederlassungen	Bundesweit
Hintergrund	Der Verband ist bundesweit der größte und älteste des selbstständigen Mittelstandes mit über 80 000 Mitgliedern und mehr als 3 000 Orts- und Kreisverbänden in den Berufssparten Handel, Handwerk, Freie Berufe, Dienstleistungen, kleine und mittlere Industrie
Ziele	Vertretung der Interessen der Mitglieder, Informationsaustausch
Aktivitäten	Seminare zur beruflichen Fortbildung, Erfahrungs- und Informationsaustausch, Verbandszeitschrift »Der Selbstständige«
Wer kann Mitglied werden?	Mitglied sind die einzelnen Landes-, Orts- und Kreisverbände sowie mittelständische Unternehmen

| Mitgliedsbeitrag | Zwischen 52 und 160 Euro – je nach Bundesland |
| Adresse | www.bds-dgv.de |

BDVT – Berufsverband für Trainer, Berater und Coaches

Niederlassungen	Bundesweit; 15 Regionalclubs
Hintergrund	1964 gegründet ist der BDVT mit rund 650 Mitgliedern der führende Fach- und Berufsverband für Verkaufsförderer, Trainer und Berater aus den Bereichen Dienstleistung, Markenartikel-, Investitionsgüterindustrie und Handel
Ziele	Weiterentwicklung des Berufsbildes für Verkaufsförderer und Trainer/Berater; Unterstützung und Förderung beim Erfahrungs- und Informationsaustausch; Mitarbeit bei der Ausbildung des beruflichen Nachwuchses; tritt gegenüber Politik, Institutionen und anderen Berufs- und Fachverbänden für die Wahrung der berufsständischen und fachlichen Interessen seiner Mitglieder ein
Programm	Veranstaltungen (Seminare, Kongresse, Arbeitskreise) zur beruflichen Weiterbildung, jährlicher Kongress »ProSales«
Wer kann Mitglied werden?	Verkaufsförderer, Trainer, Berater
Mitgliedsbeitrag	Aufnahmegebühr 250 Euro, Mitgliedschaft 420 Euro
Adresse	www.bdvt.de

BDU – Bundesverband Deutscher Unternehmensberater e. V.

Niederlassungen	Bundesweit; Büros in Bonn und Berlin
Hintergrund	Europas größter Wirtschafts- und Berufsverband der Management- und Personalberater; 1954 gegründet; heute über 500 Mitgliedsunternehmen mit rund 13 000 Beschäftigten
Ziele	Ziel ist es, die wirtschaftlichen und rechtlichen Rahmenbedingungen der Branche positiv zu beeinflussen, die Inanspruchnahme externer Beratung zu fördern, Qualitätsmaßstäbe durch Berufsgrundsätze durchzusetzen und den Leistungsstandard der Branche zu erhöhen sowie Informations-, Erfahrungsaustausch und Weiterbildungen
Aktivitäten	Jahrespressekonferenzen, Deutsche Personalberatertage, Beratertage Deutschland – Österreich – Schweiz, Fachforen alle zwei Jahre, Treffen der Fachverbände
Wer kann Mitglied werden?	Mitglied im BDU werden nicht einzelne Personen, sondern die Unternehmensberatungen. Kriterien für die Aufnahme sind: Nachweis der beruflichen Eignung, fünf Jahre Berufserfahrung als Unternehmensberater, drei Jahre Selbstständigkeit oder Leitungsfunktion als Unternehmensberater, drei exzellente Kundenreferenzen und zwei Fachinterviews mit BDU-Unternehmensberatern

Mitgliedsbeitrag	Aufnahmegebühr beträgt 500 Euro, Mitgliedsgebühr abhängig vom Jahresumsatz 1 100 bis 7 700 Euro
Adresse	www.bdu.de

Berlin Capital Club

Niederlassungen	Berlin; durch die Anbindung an das weltweite IAC-Netzwerk haben Mitglieder zudem Zugang zu circa 250 Business, Golf und Country Clubs weltweit, z. B. in London, Paris und New York
Hintergrund	Der Berlin Capital Club wurde 2001 als erster privater Businessclub in Berlin gegründet und versteht sich als Forum für Führungspersönlichkeiten aus Politik, Wirtschaft und Kultur
Ziele	Geschäftliche Kontakte knüpfen und pflegen und gleichzeitig Entspannung und Gespräche mit Gleichgesinnten genießen; die Vernetzung und Förderung seiner Partner steht im Vordergrund der Geschäftsphilosophie des Clubs
Aktivitäten	Konferenzen, Vorträge, Empfänge, Businesslunch, Fashion Shows, Lesungen, Golfturniere, exklusiver Concierge Service, exzellente Küche auf Sterneniveau
Wer kann Mitglied werden?	Aufnahme erfolgt nur auf Empfehlung des Aufnahmekomitees oder der Mitglieder
Mitgliedsbeitrag	Aufnahmegebühr: Person 4 300 Euro, Firma 6 500 Euro Jahresbeitrag: 1 375 Euro Lebenslange Mitgliedschaft: 28 000 Euro
Adresse	www.berlincapitalclub.de, www.iac-worldwide.com

BFB – Bundesverband der Freien Berufe

Niederlassungen	Bundesweit; 16 Landesverbände
Hintergrund	1949 gegründet; der BFB ist die Spitzenorganisation aller freiberuflichen Kammern und Verbände. Zielgruppe sind Menschen aus freien rechts- und wirtschaftsberatenden Berufen, freien technischen, steuer- und naturwissenschaftlichen Berufen und aus freien Kulturberufen
Ziele	Verfolgung der berufsübergreifenden Bestrebungen der Freiberufler und Erhalt / Ausbau des Freien Berufs; Förderungen einer qualifizierten Aus- und Fortbildung in den Freien Berufen
Aktivitäten	Veranstaltungen, Verbandspublikation
Wer kann Mitglied werden?	Fachverbände und Kammern der Freien Berufe, Fördermitglieder

Mitgliedsbeitrag	Ganz unterschiedlich, je nach Anzahl der Mitglieder eines Verbandes; der Beitrag wird nach Kopfbeitrag errechnet
Adresse	www.freie-berufe.de

B.F.B.M. – Bundesverband der Frau in Business und Management e. V.

Niederlassungen	Bundesweit; 16 Regionalgruppen
Hintergrund	1992 gegründeter, gemeinnütziger Verein, in dem sich selbstständig tätige Frauen und Frauen in Führungspositionen aus unterschiedlichen Berufen, Branchen und Nationalitäten zusammengeschlossen haben, mit circa 360 Mitgliedern
Ziele	Förderung der beruflichen und gesellschaftlichen Gleichberechtigung und Akzeptanz von Frauen in verantwortlichen Positionen als Selbstständige, im Management und im freien Beruf; Weiterbildung und Informationsaustausch
Aktivitäten	Monatliche Treffen, Vorträge, Workshops, Exkursionen
Wer kann Mitglied werden?	Jede selbstständige Frau, jede Frau in einer Führungsposition
Mitgliedsbeitrag	200 Euro
Adresse	www.bfbm.de

BJU – Die Jungen Unternehmer

Niederlassungen	Bundesweit; 10 Landesbereiche und 45 Regionalkreise
Hintergrund	Gegründet 1950; Interessengemeinschaft junger selbstständiger Unternehmer; keine Organisation, die Standesinteressen vertritt, sondern Forum für junge Unternehmer, die an der Gestaltung von Wirtschaft, Staat und Gesellschaft aktiv mitarbeiten wollen; circa 2 500 Mitglieder
Ziele	Der BJU verfolgt das Ziel, im Rahmen der sozialen Marktwirtschaft das auf der privaten Eigentumsordnung basierende Unternehmertum zu stärken. Dazu gehört betrieblicher und persönlicher Erfahrungsaustausch, Weiterbildung und Kontakte knüpfen und pflegen
Aktivitäten	Es gibt Veranstaltungen zu aktuellen unternehmerischen Problemen. Inhaltliche Arbeit findet in Kommissionen statt, die Stellungnahmen zu aktuellen wirtschafts- und gesellschaftspolitischen Themen erarbeiten. Es wird eine BJU-Jahresversammlung abgehalten
Wer kann Mitglied werden?	Junge Unternehmer bis 40 Jahre, die Inhaber oder Gesellschafter eines Unternehmens mit mindestens zehn Beschäftigten oder 1 Million Euro Jahresumsatz sind; mit 40 Jahren scheiden BJU- Mitglieder automatisch aus, bleiben aber Mitglied der ASU

Mitgliedsbeitrag	Jahresbeitrag abhängig vom Jahresumsatz, 600 bis 1400 Euro; für Mitglieder unter 28 Jahren die Häflte; auf Anfrage Ermäßigung für Existenzgründer in den ersten zwei Jahren ihrer Existenzgründung
Adresse	www.bju.de

BNI

Niederlassungen	Weltweit
Hintergrund	BNI wurde 1985 von Dr. Ivan Misner in Kalifornien / USA gegründet. Heute betreibt BNI in über 50 Ländern mehr als 6.500 Chapter, in denen weltweit über 130 000 Unternehmer Empfehlungen austauschen
Ziele	»Mehr Umsatz durch Kontakte und Geschäftsempfehlungen« – so lautet das Motto. BNI vermittelt Unternehmern Know-how und schafft durch die Organisation der Unternehmergruppen ein funktionierendes Umfeld für das Erarbeiten qualifizierter Empfehlungen
Aktivitäten	Treffen, Verhaltensvorschläge, Trainings; die frühmorgendlichen Treffen sind straff organisiert. Wöchentliches Erscheinen wird gefordert. Wer nicht teilnehmen kann, muss eine Vertretung schicken. Die Mitglieder werden dazu angehalten, die anderen Mitglieder zu empfehlen – aus Prinzip ohne Qualitätsanspruch. Die Empfehlerquote wird exakt kontrolliert. »Geschmacksache!« – meint die Autorin dieses Buchs
Wer kann Mitglied werden?	Jeder Unternehmer, der nach seiner Bewerbung von einem BNI Chapter als Mitglied angenommen wird
Mitgliedsbeitrag	Circa 800 Euro
Adresse	www.bni.de

BPW Germany – Business and Professional Women – Germany e. V.

Niederlassungen	Weltweit; in 44 Städten in Deutschland, in rund 100 Ländern der Welt; rund 30 000 Mitglieder
Hintergrund	1931 wurden die ersten BPW-Clubs in Berlin und Hamburg gegründet. Um seine Selbstständigkeit nicht aufgeben zu müssen, löste sich der Verband 1938 auf. Nach Entstehung der Bundesrepublik wurde der Verband 1951 neu gegründet
Ziele	Weltweite Vernetzung berufstätiger Frauen aus verschiedenen Berufen, Positionen und Branchen; Weiterbildung in Form von Vorträgen und Seminaren; Durchsetzung der Interessen von Frauen in der Öffentlichkeit, im Parlament und in internationalen Gremien

Aktivitäten	Monatliche Club- und Themenabende; Bildungs- und Informationsveranstaltungen zu Berufsthemen mit erfolgreichen und prominenten Frauen aus Wirtschaft, Politik und Gesellschaft
Wer kann Mitglied werden?	Aktive berufstätige Frauen aus unterschiedlichen Berufen (Angestellte, Selbstständige, Unternehmerinnen)
Mitgliedsbeitrag	Die Mitgliedsbeiträge sind von Club zu Club unterschiedlich und liegen zwischen 120 und 150 Euro pro Jahr
Adresse	www.bpw-germany.de

Business Club Hamburg

Niederlassungen	Hamburg
Hintergrund	Der Business Club Hamburg ist ein privater Business Club und wurde 2008 in der Handelskammer Hamburg gegründet. Der Club hat aktuell 820 Mitglieder. Diese kommen aus zehn Clustern mit 78 Branchen
Ziele	Schaffung eines wirtschaftlichen und persönlichen Nutzens und Mehrwerts für die Clubmitglieder
Aktivitäten	Mehr als 180 Veranstaltungen im Jahr aus den Bereichen Kultur, Politik und Wirtschaft, regelmäßige Treffen sowie Golf-Matchplay, Speedsailing und Ausfahrten
Wer kann Mitglied werden?	Wirtschaftsentscheider
Mitgliedsbeitrag	2 200 Euro Aufnahmegebühr und 1 200 Euro jährlicher Mitgliedsbeitrag
Adresse	www.bch.de

BVMW – Bundesverband mittelständische Wirtschaft

Niederlassungen	Bundesweit; mehr als 200 Geschäftsstellen
Hintergrund	Der BVMW ist ein berufs- und branchenübergreifender, parteipolitisch neutraler Unternehmerverband mit mehr als 150 000 Mitgliedsunternehmen, der die Interessen der kleinen und mittleren Unternehmen gegenüber Politik, Behörden und Gewerkschaften vertritt. Als Schutz- und Selbsthilfeorganisation bietet der BVMW umfangreiche Serviceleistungen auf lokaler, regionaler, nationaler und internationaler Ebene
Ziele	Der BVMW bündelt die Kräfte des unternehmerischen Mittelstandes, betreibt aktive Lobbyarbeit auf allen politischen Ebenen, kämpft für verbesserte wirtschaftspolitische Rahmenbedingungen, nimmt Einfluss auf Gesetzesvorhaben und Vorschriften und verschafft dem Mittelstand in der Öffentlichkeit Gehör

Aktivitäten	Zahlreiche Veranstaltungen, dazu z. B. Recherche-Dienste (z. B. Markt- und Konkurrenzanalysen), Tipps zum Thema PC- und Internetsicherheit, Wissensarchiv, PC-Fernbetreuung, Beratung betriebliches Kostenmanagement, Nachhaltigkeitsmanagement, Mittelstandslexikon, Bonitätsauskünfte, BVMW-Rechtshotline
Wer kann Mitglied werden?	Kleinere und mittlere Unternehmen
Mitgliedsbeitrag	Gestaffelt nach Mitarbeiterzahl der Firmen; einmalige Aufnahmegebühr zwischen 250 und 300 Euro, monatlicher Mitgliedsbeitrag zwischen 50 und 185 Euro
Adresse	www.bvmw.de

China Club Berlin

Niederlassungen	International; Sitz des Clubs ist Berlin
Hintergrund	Der 2002 von Quartier-206-Chefin Anne Maria Jagdfeld gegründete China Club Berlin ist ein Lifestyle und Social Club mit circa 800 Mitgliedern
Ziele	Forum für die Begegnung
Aktivitäten	Repräsentieren, genießen, Gutes tun
Wer kann Mitglied werden?	Mitgliedschaft nur auf Empfehlung / persönliche Vorstellung
Mitgliedsbeitrag	Jahresbeitrag: 2 000 Euro; Aufnahmegebühr: 10 000 Euro
Adresse	www.china-club-berlin.com

Der Club zu Bremen

Niederlassungen	Bremen
Hintergrund	Ältester Gesellschaftsclub seiner Art in Deutschland: erste Satzung 1783, circa 1 000 Mitglieder
Ziele	Der Club versteht sich als eine Vereinigung moderner und engagierter Bremer Bürger, für die er ein Forum der Bildung und der Meinungsvielfalt darstellen will
Aktivitäten	Regelmäßige Vortragsveranstaltungen über Außen- und Innenpolitik, Wirtschaftspolitik, Kultur und Literatur, Geschichte und Naturwissenschaften, außerdem Reisen, Führungen und gesellige Zusammenkünfte
Wer kann Mitglied werden?	Bremische Unternehmen, leitende Angestellte, höhere Beamte und Angehörige freier Berufe; die Aufnahme eines neuen Mitglieds muss von zwei Mitgliedern beim Vorstand beantragt werden
Mitgliedsbeitrag	Mitgliedsbeitrag: 260 Euro für Einzel- und 520 Euro für Firmenmitglieder

Adresse	www.dczb.de
Christen in der Wirtschaft e. V.	
Niederlassungen	Bundesweit; circa 50 Regionalgruppen; circa 1100 Mitglieder
Hintergrund	1902 Gründung als »Verband gläubiger Kaufleute und Fabrikanten« in Berlin; seit 1998 neuer Name: »Christen in der Wirtschaft«; unabhängig, gemeinnützig, überkonfessionell
Ziele	Erfahrungsaustausch, Orientierung, Kontakte knüpfen und pflegen, christliche Werte und Prinzipien in Unternehmen fördern
Aktivitäten	Vorträge/Impulstage, Peer-Groups/Austauschgruppen, Führungskräftetage, Publikationen (u. a. »Faktor C – Das christliche Wirtschaftsmagazin«)
Wer kann Mitglied werden?	Jeder, der im Bereich Wirtschaft tätig ist, war oder sich darauf vorbereitet, es zu sein, kann Mitglied werden. Voraussetzung ist, dass er eine bewusste christliche Glaubens- und Lebenshaltung einnimmt und die Satzung anerkennt. Die Aufnahme erfolgt nach Genehmigung durch den Vorstand
Mitgliedsbeitrag	Jahresbeitrag 75 Euro; leitende Angestellte und Selbstständige 180 Euro; Schüler und Studenten 37,50 Euro
Adresse	www.ciw.de
Coaching-Netzwerk	
Niederlassungen	Virtuelles Netzwerk
Hintergrund	Es gibt eine sehr fundierte Plattform für Coaches und Menschen, die einen Coach suchen. Die Coach-Datenbank (www.coach-datenbank.de) bietet eine Übersicht über hauptberufliche Coaches aus Deutschland, Österreich und der Schweiz. In der Datenbank befinden sich ausschließlich erfahrene Coaches, deren Professionalität überprüft wurde
Ziele	Ein Eintrag in der Coach-Datenbank soll für potenzielle Klienten den gleichen Wert wie eine persönliche Empfehlung haben. Daher sind die Voraussetzungen für eine Aufnahme streng
Aktivitäten	Übersicht über 300 Coaching-Ausbildungen in Deutschland, Österreich und in der Schweiz; Coaches stellen sich vor; Informationen unter anderem über Veranstaltungen, News, Tools und Bücher
Wer kann Mitglied werden?	Ausgewählte Coaches können sich nach festgelegten Kriterien in die Coach-Datenbank aufnehmen lassen, Kriterien siehe www.coach-datenbank.de

Mitgliedsbeitrag	Kostenlos für Coaching-Interessenten und Leser; die Gebühren für die Aufnahme in die Coach-Datenbank belaufen sich auf 264 bis 600 Euro pro Jahr. Die einmalige Eintragungsgebühr liegt bei 60 Euro
Adresse	www.coach-datenbank.de

Deutscher Manager-Verband e. V.

Niederlassungen	Bundesweit
Hintergrund	Verbandsgründung 2001; ideeller Berufsverband für Manager in Konzernen, Führungskräfte im Mittelstand und freie Unternehmer; parteilich unabhängig, branchenübergreifend
Ziele	Forum für den beruflichen Informations-, Erfahrungs- und Gedankenaustausch, Wissenstransfer, mehr freie Marktwirtschaft und eine leistungsfreundliche Gesellschaft
Aktivitäten	Aktives Karriere-Coaching, hochwertige Veranstaltungen, Think Tanks, Best-Practices und politische Einflussnahme pro freie Marktwirtschaft
Wer kann Mitglied werden?	Top-Manager bis zur dritten Managementebene in Konzernen, Geschäftsführer und Prokuristen von mittelständischen Unternehmen, leitende Führungskräfte mit Personal- und Budgetverantwortung, Unternehmer sowie Experten und Dozenten, die sich ausschließlich mit den Themen Management, Leadership und Business-Skills befassen
Mitgliedsbeitrag	Jahresbeitrag 500 Euro; Aufnahmegebühr 500 Euro
Adresse	www.managerverband.de

Deutsche Toastmasters

Niederlassungen	International
Hintergrund	Toastmasters International hat circa 235 000 Mitglieder in 11 700 Clubs weltweit. Toastmaster Clubs sind als Non-Profit-Organisationen aufgestellte Vereine bestehend aus 20 Mitgliedern, die ihre rhetorischen Fähigkeiten mit dem Toastmasters-Programm vervollkommnen wollen
Ziele	Verbesserung und Vervollkommnung der rhetorischen Fähigkeiten durch aktive gegenseitige Unterstützung; in freundschaftlicher Zusammenarbeit entspannt lernen und frei üben
Aktivitäten	Regelmäßige Abende, bei denen Reden vorgetragen und anschließend konstruktiv bewertet werden
Wer kann Mitglied werden?	Jeder, der Lust und Interesse hat, seine rhetorischen Fähigkeiten zu üben und zu vervollkommnen
Mitgliedsbeitrag	Unterschiedliche Mitgliedsbeiträge, bitte bei den einzelnen Clubs erfragen (z. B. 20 Euro Aufnahmegebühr + 5 Euro monatlich)
Adresse	www.toastmasters.org

Die Führungskräfte (DFK)

Niederlassungen	Bundesweit; 21 Regionalgruppen
Hintergrund	Der DFK ist die Berufsvertretung der Führungskräfte des mittleren und höheren Managements. Er vertritt deren Interessen in Wirtschaft, Politik und Öffentlichkeit und geht auf die Gründung von Berufsverbänden nach dem ersten Weltkrieg zurück. In mehreren Fusionsschritten – der letzte erfolgte 2003 – schlossen sich nahezu alle Berufsverbände zum DFK zusammen. Es gibt rund 25 000 Mitglieder bundesweit
Ziele	Der DFK bietet sowohl politische Interessenvertretung als auch eine Plattform für alle Fragen zum Thema Beruf, Karriere, Vertragsmanagement und soziale Sicherung. Ein Kernstück ist die Beratung in arbeitsrechtlichen Fragen
Aktivitäten	Veranstaltungen, wissenschaftliche und politische Vorträge, Workshops, Fachgruppen, Fachzeitschrift
Wer kann Mitglied werden?	Führungskräfte des mittleren und höheren Managements
Mitgliedsbeitrag	Jahresbeitrag 195 Euro; ermäßigte Beiträge für Berufsanfänger, Pensionäre und außerordentliche Mitglieder
Adresse	www.die-fuehrungskraefte.de

DGFP – Deutsche Gesellschaft für Personalführung e. V.

Niederlassungen	Bundesweit; Düsseldorf, Frankfurt, Hamburg, Leipzig, München, Stuttgart
Hintergrund	1952 gegründet; 2500 Mitgliedsunternehmen und Mitglieder; branchenübergreifend
Ziele	Förderung des Personalmanagements in Praxis, Forschung und Lehre
Aktivitäten	120 verschiedene Erfahrungsaustauschkreise (Treffen ein- bis dreimal jährlich), Akademie für Personalführung (Seminare, Workshops, Fachtagungen, Kongresse), Zeitschrift »Personalführung«, Datenbank
Wer kann Mitglied werden?	Unternehmen, Führungskräfte, die im Personalmanagement tätig sind
Mitgliedsbeitrag	Firmen ab 500 Euro, Einzelperson als außerordentliches Mitglied 250 Euro, außerordentliche Mitgliedschaft für Firmen 750 Euro
Adresse	www.dgfp.de

DJV – Deutscher Journalisten-Verband e. V.

Niederlassungen	Bundesweit; 17 Landesverbände; internationale Kontakte; Mitglied der Internationalen Journalisten-Föderation

Hintergrund	Der DJV, 1949 gegründet, ist eine Kombination aus Gewerkschaft und Berufsverband. Er ist politisch wie finanziell unabhängig. Mit fast 40 000 Mitgliedern ist er die größte Journalistenorganisation Europas
Ziele	Der DJV vertritt die berufs- und medienpolitischen Ziele und Forderungen von Journalisten. Er unterstützt die Beteiligung von Journalisten an der Betriebs- und Personalratsarbeit
Aktivitäten	Bildungsarbeit, Aus- und Weiterbildung; Verhandlungen mit Verlagen und Sendern über Tarifverträge und Honorarbedingungen von Journalisten; Medienmagazin »journalist«
Wer kann Mitglied werden?	Journalisten, die als Arbeitnehmer oder als Selbstständige für Printmedien, Rundfunk, On- und Offline-Medien, für Nachrichtenagenturen, in der Öffentlichkeitsarbeit oder im Bildjournalismus tätig sind
Mitgliedsbeitrag	Die Mitgliedsbeiträge sind nicht einheitlich. Sie richten sich nach der Mitgliederzahl des jeweiligen Landesverbandes und dem Einkommen. Sie können beim jeweiligen DJV-Landesverband erfragt werden
Adresse	www.djv.de

DPRG – Deutsche Public Relations Gesellschaft e. V.

Niederlassungen	Bundesweit; Landesgruppen unterteilt in Senioren und Junioren
Hintergrund	Gründung 1958; größter Berufsverband für den Presse- und PR-Bereich
Ziele	Vertretung der beruflichen Interessen der Mitglieder; Förderung des Ansehens des Berufsstands und Vertiefung der Kenntnisse über ihn in der Öffentlichkeit; Veranstaltungen und Publikationen für die Fortbildung von PR-Fachleuten und die Ausbildung des Nachwuchses; Austausch, Kontakte knüpfen und pflegen
Aktivitäten	Veranstaltungen und Workshops für die Fortbildung, Junioren-Stammtische
Wer kann Mitglied werden?	Ordentliche Mitglieder: alle PR-Fachleute, Nachwuchskräfte im PR-Bereich, Fachleute aus PR-verwandten Berufszweigen
Mitgliedsbeitrag	Jahresbeiträge: Ordentliche Mitglieder u. Junioren zwischen 95 Euro und 450 Euro; Aufnahmegebühr 60 Euro
Adresse	www.dprg.de

Econsense – Forum nachhaltige Entwicklung der deutschen Wirtschaft

Niederlassungen	Deutschlandweit
Hintergrund	Das Unternehmensnetzwerk econsense wurde im Jahr 2000 auf Initiative des Bundesverbandes der Deutschen Industrie e. V. (BDI) gegründet und versteht sich als Dialogplattform und Think Tank

Ziele	Ziel von econsense ist es, nachhaltige Entwicklung in der Wirtschaft zu generieren und gemeinsam gesellschaftliche Verantwortung zu übernehmen – eine vielversprechende, aber noch sehr junge Plattform
Aktivitäten	Märkte entwickeln, Partnerschaften stärken, nachhaltiges Denken festigen
Wer kann Mitglied werden?	Führende global agierende Unternehmen und Organisationen der deutschen Wirtschaft
Mitgliedsbeitrag	Keine Angabe
Adresse	www.econsense.de

Efficiency Club

Niederlassungen	Basel, Bern, Luzern, Zürich, Zug
Hintergrund	Der Efficiency Club Zürich wurde 1936 gegründet. Den Anstoß dazu gab ein Vortrag von Herbert N. Casson, zu dem die Zürcher Handelskammer eingeladen hatte. »Efficiency bedeutet Lebenstüchtigkeit, verstanden als harmonisches Streben nach optimalen Leistungen mit einem möglichst geringen, aber konzentrierten Einsatz von Kraft, Mitteln und Zeit, bei gleichzeitiger Förderung der Lebensfreude bei sich selbst und seinen Mitmenschen« – so Cassons Efficiency-Philosophie des Erfolgs
Ziele	»Wir wollen gegenseitig von unseren Erfahrungen und von denjenigen hervorragender Persönlichkeiten lernen, um dies zum Nutzen des eigenen wirtschaftlichen und persönlichen Erfolges anzuwenden. Das Gedankengut von Herbert N. Casson wollen wir in unser wirtschaftliches Handeln einbeziehen und es weiterverbreiten.«
Aktivitäten	Vortragsveranstaltungen mit Persönlichkeiten aus Wirtschaft, Politik und Kultur, Podiumsdiskussionen über die wirtschaftlichen Entwicklungen, Betriebsbesichtigungen, gesellschaftliche und kulturelle Anlässe, Erfahrungsaustausch in berufs- oder tätigkeitsspezifischen Erfahrungsaustausch-Gruppen
Mitgliedsbeitrag	Auf Anfrage
Adresse	www.efficiency.ch, www.efficiency-bern.ch, www.efficiency-luzern.ch, www.efficiency-club-zug.ch

Entrepreneurs' Organization

Niederlassungen	Weltweit; in 35 Ländern und 122 Chaptern
Hintergrund	Gegründet 1987 in Alexandria (USA); weltweit circa 8800 Mitglieder
Ziele	Kontakte knüpfen und pflegen; Diskussionen und Gedankenaustausch
Aktivitäten	Regionale Treffen, internationale Veranstaltungen, eigene Datenbank
Wer kann Mitglied werden?	Gründer/Eigentümer von Unternehmen mit einem jährlichen Mindestumsatz von 1 Mio. US-Dollar; nur auf Empfehlung

Mitgliedsbeitrag	Regional unterschiedlich; jedoch circa 2 000 Euro jährlich
Adresse	www.eogermany.org, www.eonetwork.org

Europäische Akademie für Frauen in Politik und Wirtschaft Berlin e. V.

Niederlassungen	Berlin
Hintergrund	1996 als gemeinnütziger Verein gegründet; die Akademie ist ein unabhängiges Bildungszentrum für den weiblichen Führungsnachwuchs und hat mittlerweile 130 Mitglieder
Ziele	Ziel ist, die gleichberechtigte Teilhabe von Frauen an politischen und wirtschaftlichen Führungspositionen zu fördern, die parteienübergreifende Kooperation und den internationalen Austausch zwischen Frauen aus Politik, Wirtschaft und Gesellschaft zu stärken und neue Wege der Förderung des weiblichen Führungsnachwuchses zu beschreiten
Aktivitäten	Monatliche Treffen, Kongresse, Workshops zur Weiterbildung, Mentoring, Training, Coaching
Wer kann Mitglied werden?	Jeder, der sich für die Ziele der Europäischen Akademie einsetzt, kann Mitgliedschaft im Förderverein beantragen. Der Antrag geht an den Vorstand, dieser entscheidet über die Aufnahme
Mitgliedsbeitrag	Persönliche Mitgliedschaft: mindestens 215 Euro; juristische Personen mindestens 512 Euro
Adresse	www.eaf-berlin.de

European Round Table of Industrialists

Niederlassungen	Weltweit
Hintergrund	Der European Round Table of Industrialists ist eine Lobbyorganisation von rund 50 Wirtschaftsführern großer europäischer, transnationaler Konzerne mit Sitz in Brüssel, die 1983 von insgesamt 17 Wirtschaftsführern und zwei Mitgliedern der Europäischen Kommission gegründet wurde
Ziele	Entwicklung langfristiger wirtschaftsfreundlicher Strategien und die Organisation von Treffen mit Mitgliedern der Europäischen Kommission, einzelnen Kommissaren oder dem Kommissionspräsidenten, um die Richtung des Integrationsprozesses innerhalb der EU zu gestalten
Aktivitäten	Unterschiedliche Arbeitsgruppen, Treffen zweimal im Jahr
Wer kann Mitglied werden?	Wirtschaftsführer großer europäischer, transnationaler Konzerne
Mitgliedsbeitrag	Keine Angabe
Adresse	www.ert.eu

EWMD – European Women's Management Development International Network e. V.

Niederlassungen	International; in 40 Ländern mit rund 800 Mitgliedern; in Deutschland sieben Regionalgruppen mit 540 Mitgliedern
Hintergrund	1984 in Brüssel gegründet; Netzwerk für Frauen und Männer, die sich um die Balance zwischen beruflichem und privatem Leben bemühen; circa 500 Mitglieder in Deutschland
Ziele	Förderung von Frauen in Führungspositionen; die Balance zwischen beruflichem und privatem Leben soll auch in verantwortlichen Positionen gelebt werden können
Aktivitäten	Monatliche Treffen mit Referaten zu interessanten frauenrelevanten Themen; jährlicher EWMD-Kongress mit vielen Vorträgen, Workshops, Rahmenprogramm; jährlicher internationaler Kongress
Wer kann Mitglied werden?	Jede engagierte Frau in Führungs- und Fachfunktionen und primär Frauen in verantwortlichen Positionen aus Wirtschaft, Verwaltung und Politik können Mitglied werden; auch männliche Mitglieder, die sich mit der Vision von EWMD identifizieren, sind willkommen
Mitgliedsbeitrag	Individuelle Mitglieder 250 Euro, institutionelle Mitglieder 2 500 Euro, Aufnahmegebühr 40 Euro
Adresse	www.ewmd.org

Explorers Club

Niederlassungen	New York
Hintergrund	Gegründet 1904 in New York; 3 000 Männer und Frauen aus 60 Ländern sind Mitglied
Ziele	Der Club der »Verrückten« liefert Beweise dafür, dass wirklich (fast) nichts unmöglich ist: größer, schneller, älter, weiter ...
Aktivitäten	Man trifft sich einmal pro Jahr in New York.
Wer kann Mitglied werden?	Hier kommt nur rein, wer auf dem Mond war, die Titanic oder einen Ötzi entdeckt hat: Extrembergsteiger, Astronauten, Tiefseetaucher, Polarforscher. Ein Gremium entscheidet über die Aufnahme
Mitgliedsbeitrag	Je nach Mitgliedsstatus, z. B. »Member National« 325 Dollar Aufnahmegebühr + 325 Dollar Jahresbeitrag
Adresse	www.explorers.org

Export-Club Bayern

Niederlassungen	München (Partnerclubs in ganz Deutschland)

Hintergrund	Bayern ist das stärkste Exportland Deutschlands. Zur Installation und Pflege guter internationaler Kontakte wurde der Export-Club 1948 gegründet und hat heute rund 500 Mitglieder
Ziele	Eine Plattform für internationale Beziehungen und aktuelle Wissensvermittlung; Dialog zwischen Wirtschaft und Politik
Aktivitäten	Veranstaltungen, bei denen sich hochkarätige Vertreter aus Wirtschaft, Politik und Kultur zum Gedankenaustausch treffen; Vorträge, Arbeitskreise, Get-together
Wer kann Mitglied werden?	Der Export-Club ist grundsätzlich offen für neue Mitglieder. Für die Aufnahme sind ein schriftlicher Antrag sowie zwei Referenzen erforderlich
Mitgliedsbeitrag	Jahresbeiträge: Einzelmitglieder 160 Euro, Firmenmitglieder ab 350 Euro, Junioren 50 Euro
Adresse	www.export-club.org
Facebook	
Niederlassungen	Online-Netzwerk
Hintergrund	Das soziale Netzwerk wurde am 4. Februar 2004 von Dustin Moskovitz, Chris Hughes und Mark Zuckerberg veröffentlicht und zählt mehr als eine Milliarde Mitglieder
Ziele	Vernetzung der Menschen weltweit
Aktivitäten	Jeder gestaltet sein eigenes Profil und es stehen verschiedene Funktionen wie Privatnachrichten, Chats, Pinnwandeinträge etc. zur Kommunikation zur Verfügung. Seit circa 2010 ist Facebook auch als Business-Plattform etabliert. Das schnelle Teilen von Inhalten und die einfache Bedienung erkären die Beliebtheit. Profile können nur auf Antrag und mit Mühe wieder gelöscht werden – keine Sicherheit für Inhalte
Wer kann Mitglied werden?	Mitglied kann nach Registrierung jeder werden.
Mitgliedsbeitrag	kostenlos
Adresse	www.facebook.de
Forum F3 – Forum Fach- und Führungskräfte	
Niederlassungen	Bundesweit
Hintergrund	Das Forum F3 wurde im Oktober 2009 gegründet, hat über 50 000 Mitglieder und bietet diesen einen direkten Austausch mit Leistungsträgern anderer Branchen und Bereiche, um vom gegenseitigen Rat zu profitieren. Grundlage dafür bildet die Kombination eines Online- und Offline-Netzwerks

Ziele	Begleitung seiner Mitglieder bei den wichtigsten Schritten ihrer Laufbahn
Aktivitäten	Seminare, juristischer Service, Interessensvertretung in der Arbeits-, Steuer-, Sozial- und Bildungspolitik
Wer kann Mitglied werden?	Fach- und Führungskräfte, Berufseinsteiger und Studenten
Mitgliedsbeitrag	Monatlicher Mitgliedsbeitrag 16 Euro, für Berufsanfänger 8 Euro, Studenten sind beitragsfrei
Adresse	www.forum-f3.de

FidAR – Frauen in die Aufsichtsräte e. V.

Niederlassungen	Bundesweit
Hintergrund	FidAR wurde Ende 2006 von Frauen in Führungspositionen aus Wirtschaft, Wissenschaft und Politik gegründet und hat inzwischen über 320 Mitglieder
Ziele	Ziel ist es, den Frauenanteil in den deutschen Aufsichtsräten signifikant und nachhaltig zu erhöhen
Aktivitäten	Umfangreiche Presse- und Öffentlichkeitsarbeit, FidAR-Foren, Workshops und Vorträge, WOB-Index
Wer kann Mitglied werden?	Engagierte Frauen und Männer, die sich für eine kompetente gleichberechtigte Unternehmensführung einsetzen
Mitgliedsbeitrag	Jährlicher Mitgliedsbeitrag 200 Euro
Adresse	www.fidar.de

GSA – German Speakers Association e. V.

Niederlassungen	Chapter in Deutschland, Österreich und der Schweiz
Hintergrund	Die German Speakers Association ist eine internationale Plattform für alle deutschsprachigen Trainer, Referenten, Coaches und alle weiteren Akteure im Weiterbildungsbereich. Sie wurde 2005 in München gegründet und ist über den Dachverband GSF (Global Speakers Federation) mit über 6000 Experten weltweit verbunden
Ziele	Zweck der GSA ist die umfassende Fortbildung von hauptberuflichen Trainern, Coaches, Beratern und Referenten auf internationalem Niveau, ihre international standardisierte Zertifizierung zum Certified Speaking Professional (CSP) als Qualitätsmerkmal, die Förderung ihres Berufsstandes in der Öffentlichkeit und die Überwachung ihrer Berufsausübung nach dem »Code of Professional Ethics«

Aktivitäten	Mentorenprogramm, Events, Messen, international anerkannte Zertifizierung, Präsentation durch eine Online-Plattform und das Expertenverzeichnis »Who we are« sowie Fortbildungsveranstaltungen
Wer kann Mitglied werden?	Deutschsprachige Trainer, Referenten, Coaches und alle weiteren Akteure im Weiterbildungsbereich
Mitgliedsbeitrag	Verschiedene Mitgliedsarten (Professional, Einsteiger, Partner, Corporate); Aufnahmegebühr zwischen 150 und 250 Euro; Jahresbeitrag zwischen 300 und 500 Euro
Adresse	www.germanspeakers.org

Gute-Leute-Mittagstisch

Niederlassungen	München
Hintergrund	Der Gute-Leute-Mittagstisch wurde 2006 von der PR-Beraterin Christiane Wolff und von der Netzwerkexpertin Monika Scheddin gegründet
Ziele	Eine Plattform für exponierte Persönlichkeiten in diskreter, wertschätzender Atmosphäre
Aktivitäten	Interessante, erfolgreiche und sympathische Menschen treffen sich sechs Mal pro Jahr in sehr kleinem Rahmen (acht Gäste) und essen zusammen Mittag. Eine prominente Persönlichkeit aus der Wirtschaft oder aus den Medien hält eine kurze Tischrede und beantwortet Fragen
Wer kann Mitglied werden?	Es ist keine Mitgliedschaft möglich, die Gästelisten werden handverlesen
Mitgliedsbeitrag	Keiner
Adresse	www.gute-leute-mittagstisch.de

Giobals

Niederlassungen	Berlin und weltweites Online-Netzwerk
Hintergrund	Giobals ist ein erst 2012 gegründeter Community-Marktplatz, der Menschen zusammenbringt, die in ein anderes Land umziehen. Er untertützt sie dabei, sich dort zurecht zu finden und zuhause zu fühlen
Ziele	Giobals hilft bei der Suche nach einem Job, einer Wohnung, beim Organisieren des Visums, bei Finanz-, Rechts- und Versicherungsfragen, bei der Suche nach einem Arzt, einem neuen Sportverein oder einer Schule
Aktivitäten	Online-Community und monatliche Treffen mit Marktplatzcharakter zum Austausch zwischen Anbietern und Nachfragern
Wer kann Mitglied werden?	Jeder, der in ein anderes Land ziehen will, bereits umgezogen ist oder anderen helfen will, die auswandern

Mitgliedsbeitrag	Kein Mitgliedsbeitrag
Adresse	www.g1obals.org

Industrie-Club e. V. Düsseldorf

Niederlassungen	Düsseldorf; 30 Partnerclubs weltweit
Hintergrund	Seit 1912 versammeln sich hier Industrielle von Rhein und Ruhr; circa 1 200 Mitglieder
Ziele	Eine Plattform für Austausch bieten, internationale Zusammenarbeit im Sinne der Völkerverständigung; ein internationales Forum für Information, Diskussion und Kommunikation bei privaten und geschäftlichen Begegnungen bieten; Wissenschaft, Forschung und Lehre fördern
Aktivitäten	Politische Vorträge und weitere 60 bis 80 Clubveranstaltungen pro Jahr; synergiefreundlicher Club, der auch anderen Netzwerken, z.B. der IHK Düsseldorf, dem American German Business Club oder dem Kultursalon Düsseldorf, eine Plattform bietet; Verleihung des Wissenschaftspreises und der »SENECA-Medaille« für Alternsforschung
Wer kann Mitglied werden?	Topmanager oder Unternehmer mit drei Bürgen
Mitgliedsbeitrag	Jahresbeitrag 360 Euro
Adresse	www.industrie-club.de

Industrie Club Sachsen e. V.

Niederlassungen	Sitz in Dresden
Hintergrund	1990 gegründet, mittlerweile 150 Mitglieder
Ziele	Stärkung der wirtschaftlichen Entwicklung Mitteldeutschlands, Dialog zwischen Wirtschaft und Politik
Aktivitäten	Zahlreiche Vortrags- und Diskussionsabende, oft in Verbindung mit gesellschaftlichen Anlässen
Wer kann Mitglied werden?	Unternehmer jeder Größenordnung, aus Einrichtungen von Wissenschaft und Kultur sowie aus den freien Berufen können Mitglied werden. Über die Aufnahme neuer Mitglieder entscheidet der Vorstand
Mitgliedsbeitrag	Nach Anfrage
Adresse	www.industrieclub-sachsen.de

Industrieclub Thüringen e. V.

Niederlassungen	Weimar

Hintergrund	Der Industrieclub Thüringen wurde im März 1998 gegründet und ist eine Interessengemeinschaft von Vertretern aus Industrie und Wirtschaft, die über die Grenzen des einzelunternehmerischen Interesses hinaus Beziehungen zwischen Wirtschaft und Gesellschaft knüpfen. Der Industrieclub Thüringen hat 300 Mitglieder aus 160 Thüringer Firmen
Ziele	Ziel des Clubs ist es, die gesellschaftliche Entwicklung in Thüringen zu fördern und unterstützend wirksam zu werden, wenn Weitblick und Mut gefragt sind
Aktivitäten	Vorträge von Persönlichkeiten aus Wirtschaft, Kultur und Politik
Wer kann Mitglied werden?	Vertreter aus Industrie und Wirtschaft in Thüringen
Mitgliedsbeitrag	Jahresbeitrag 1200 Euro
Adresse	www.industrieclub-thueringen.de

ISC-Symposium St. Gallen

Niederlassungen	Universität St. Gallen
Hintergrund	Seit 1975 findet regelmäßig im Mai das zweitägige ISC-Symposium statt. Ein studentisches Team unter der Aufsicht der St. Galler Stiftung für internationale Studien organisiert das Event
Ziele	Förderung des Dialogs zwischen Generationen, Nationen und Kulturen
Aktivitäten	Führungskräfte von heute und morgen tauschen sich bei Vorträgen, Diskussionen und bei Gesprächen unter vier Augen aus
Wer kann Mitglied werden?	Keine ordentliche Mitgliedschaft; auf Einladung nehmen Topleaders aus Europa, Amerika oder Asien aus Wirtschaft, Finanzen, Politik und Wissenschaften zusammen mit circa 200 ausgewählten Studenten führender Universitäten und Wirtschaftsschulen teil
Adresse	www.symposium.org

Kaufmanns-Casino e. V.

Niederlassungen	München
Hintergrund	Älteste gesellige Kaufmannsgesellschaft Deutschlands; Satzung von 1832; circa 500 Mitglieder (Unternehmer, Geschäftsführer, leitende Angestellte und Angehörige freier Berufe)
Ziele	Ziel ist die Förderung des geselligen Lebens unter den Mitgliedern
Aktivitäten	Vorträge, Clubabende, Betriebsbesichtigungen, Bälle, Diners, Sportveranstaltungen etc.
Wer kann Mitglied werden?	Mitglied kann man nur durch Empfehlung eines anderen Mitglieds werden

Mitgliedsbeitrag	Aufnahmegebühr und Jahresbeitrag auf Anfrage
Adresse	www.kaufmanns-casino.de

Kiwanis International

Niederlassungen	In über 84 Ländern 9 000 Clubs mit mehr als 300 000 Mitgliedern; in Deutschland über 140 Kiwanis-Clubs
Hintergrund	Eine der weltweit größten und ältesten Service-Club-Organisationen; Idee 1915 in Detroit geboren
Ziele	Unter dem Motto »Serving the Children of the World« hilft Kiwanis überall da, wo es um die Zukunft von Kindern und jungen Menschen in aller Welt geht. Die Arbeit des Clubs dient wohltätigen Zwecken
Aktivitäten	Regelmäßige Treffen der Clubs; zahlreiche Projekte, z. B. Kiwanis-Häuser in Sachsen und Brandenburg; Nationale Charity-Aktionen, z. B. Hilfe sozial benachteiligter Kinder und internationale Charity-Aktionen (Eliminate: Ausrottung des Tetanus durch Impfaktionen bei jungen Frauen in der Dritten Welt)
Wer kann Mitglied werden?	Kiwanier kann werden, wer das 18. Lebensjahr vollendet hat, in Gesellschaft und Beruf anerkannt sowie von integrer Persönlichkeit ist. Jeder Club bestimmt seine Mitglieder selbst
Mitgliedsbeitrag	Mitgliedsbeiträge je Club unterschiedlich (zwischen 125 Euro und 150 Euro)
Adresse	www.kiwanis.de

KMU Berater – Bundesverband freier Berater e. V.

Niederlassungen	Bundesweit; unterteilt in 5 Regionalgruppen
Hintergrund	Der KMU-Beraterverband wurde 1997 gegründet und hat heute 160 Mitglider. Er hilft mittelständischen Unternehmen, die passenden KMU-Berater zu finden und bietet Beratern eine Plattform für Erfahrungsaustausch, Kooperationen und qualifizierte Weiterbildung
Ziele	Der KMU-Beraterverband setzt sich dafür ein, Qualität in der Beratung mittelständischer Unternehmen zu sichern
Aktivitäten	Fachliche Weiterentwicklung in Fachgruppen, Leistungsverbesserung in den Schwerpunktgebieten, Treffen in den Regionalgruppen, Kennenlernen von Beraterkollegen anderer fachlicher Ausrichtung als Basis für tragfähige Kooperationen, Tagungen, KMU-Berater-News, Qualitätssiegel, Berater-Datenbank und Nutzen der Angebote der KMU-Akademie e. V. zu günstigeren Preisen

Wer kann Mitglied werden?	Die Mitgliedschaft im Verband können nur natürliche Personen erwerben, die die Qualitätsanforderungen des Verbandes erfüllen, indem sie ihre Beratungskompetenz, Zuverlässigkeit und ausreichende Berufserfahrung nachweisen
Mitgliedsbeitrag	Die Aufnahmegebühr beträgt 350 Euro, der Mitgliedsbeitrag zwischen 250 und 750 Euro
Adresse	www.kmu-berater.de

Lions Club International

Niederlassungen	Weltweit; Deutschland ist in 15 Distrikte mit 1 200 Clubs aufgeteilt
Hintergrund	Seit 1917 dienen Lions der Weltbevölkerung durch Arbeit und Engagement, um das Leben von Menschen rund um den Globus zu verbessern. Lions Club International ist mit circa 1,3 Mio. Mitgliedern in mehr als 46 000 Clubs in 207 Ländern die größte Club-Hilfsdienst-Organisation der Welt; in Deutschland circa 50 000 Mitglieder
Ziele	Die Mitglieder verpflichten sich der Toleranz und verfolgen diese Ziele: der Gemeinschaft dienen, freundschaftliche Beziehungen zwischen den Völkern entwickeln, Mitmenschen in materieller und seelischer Not beistehen, Kulturgüter sinnvoll bewahren, den Geist gegenseitiger Verständigung unter den Völkern der Welt wecken und erhalten
Aktivitäten	Regelmäßige Treffen zweimal im Monat; Organisation von kulturellen und sozialen Veranstaltungen; Aktivitäten je nach Club verschieden (Ausflüge, Treffen mit befreundeten Lions Clubs im Ausland, Kurzreisen)
Wer kann Mitglied werden?	Man kann nicht in den Club eintreten, sondern wird von Mitgliedern in den Lions Club gebeten. Voraussetzung: soziales Engagement; alle Berufe, keine Altersgrenze
Mitgliedsbeitrag	Jahresbeitrag circa 150 Euro zuzüglich Spenden in Mindesthöhe von 1 000 Euro
Adresse	www.lions.de

Marketing-Club Deutscher Marketing-Verband

Niederlassungen	Bundesweit
Hintergrund	Die deutschen Marketing-Clubs wurden in den fünfziger Jahren gegründet und haben sich wiederum im Deutschen Marketing-Verband zusammengeschlossen
Ziele	Vertretung der beruflichen und wirtschaftlichen Interessen der im Marketing tätigen Menschen

Aktivitäten	Vorträge, Podiumsdiskussionen, regionale Veranstaltungen, Verleihung des Deutschen Marketingpreises
Wer kann Mitglied werden?	Alle Marketingverantwortlichen, z. B. selbstständige Unternehmer, Vorstände und Geschäftsführer, Marketing- und Vertriebsleiter, Produktmanager, Werbeberater und Kommunikationsfachleute
Mitgliedsbeitrag	Einmalige Aufnahmegebühr 215 Euro, Jahresbeitrag 250 Euro
Adresse	www.marketingverband.de

Mensa in Deutschland e. V. (MinD)

Niederlassungen	International, bundesweit
Hintergrund	Internationale Vereinigung hochintelligenter Menschen mit ungefähr 100 000 Mitgliedern in fast 100 Ländern mit mehr als 300 »Special Interest Groups« (SIGs); in Deutschland circa 11 000 Mitglieder
Ziele	Der Verein hat es sich zum Ziel gesetzt, hoch intelligente Menschen zusammenzuführen und ihnen ein Forum für Geselligkeit und Meinungsaustausch zu bieten. Mensa verfolgt keinerlei politischen, religiösen oder weltanschaulichen Ziele
Aktivitäten	Mensa veranstaltet regelmäßige lokale und bundesweite Treffen, auf denen Mitglieder sich kennenlernen und verschiedenen Tätigkeiten nachgehen können (diskutieren, kochen, Kart fahren etc.)
Wer kann Mitglied werden?	Hochbegabte Menschen
Mitgliedsbeitrag	Jahresbeitrag 44 Euro
Adresse	www.mensa.de

MPW – Märkischer Presse- und Wirtschaftsclub e. V.

Niederlassungen	Berlin und Umfeld
Hintergrund	1990 gegründet, versteht sich der MPV in erster Linie als Arbeitsclub. Mitglieder sind Journalisten, Mitarbeiter von Pressestellen, PR- und Werbeagenturen und Vertreter der Wirtschaft, die enge Verbindung zu Presse, Hörfunk und Fernsehen halten
Ziele	Meinungsaustausch über Politik, Wirtschaft, Kultur und Medien zwischen Journalisten, Politikern und Wirtschaftsvertretern; Förderung der Transparenz politischer und ökonomischer Vorgänge; Plattform für Kontakte und gegenseitigen Informationsaustausch
Aktivitäten	Podiumsdiskussionen, Vorträge, Stammtische, Exkursionen zu interessanten wirtschaftspolitischen Ereignissen (Messen, Ausstellungen), Journalistenwettbewerb, MPW-Journalistenpreis, Informationsblatt »Kontakt«

Wer kann Mitglied werden?	Der MPW ist offen für jeden, der die Ziele des Clubs unterstützen möchte und beruflich mit den Medien verbunden ist
Mitgliedsbeitrag	Die Höhe des Monatsbeitrages für Einzelmitglieder wird von der Mitgliederversammlung beschlossen. Der Vorstand legt hierzu seine Empfehlung vor
Adresse	www.mpwberlin.de

Münchener Herrenclub e. V.

Niederlassungen	München
Hintergrund	Der Münchner Herrenclub wurde am 22. Mai 1973 gegründet. Heute gilt der noble Wirtschaftsclub als geschlossener Zirkel von 680 Mitgliedern
Ziele	Austausch auf höchster Ebene; aber man trifft auch den obligatorischen Grünwalder Anwalt
Aktivitäten	Vortragsabende mit Themen aus Wirtschaft, Politik und Kultur; Jour-Fixe-Referate mit Themen aus dem Berufsleben; Mittagessen, Golfturniere und Tontaubenschießen, Besuch von Kunst- und Kulturveranstaltungen, Mitgliedsreisen
Wer kann Mitglied werden?	Die Aufnahmekriterien sind streng. Man muss vorgeschlagen werden, braucht einen Bürgen und die Zustimmung aller Mitglieder. Man legt großen Wert auf »profilierte Persönlichkeiten mit intellektuellem Background, die den strengen Dresscode beachten«
Mitgliedsbeitrag	Jahresbeitrag 400 Euro
Adresse	www.muenchener-herrenclub.de

Private Thursday

Niederlassungen	Berlin
Hintergrund	Private Thursday ist ein monatlicher Netzwerk-Salon in Berlin, der 2001 ins Leben gerufen wurde. An jedem ersten Donnerstag im Monat bietet der Netzwerk-Salon Platz für einen regen Austausch
Ziele	Mit der Idee eines modernen Salons soll ein Forum für Freunde und Buinesspartner geschaffen werden
Aktivitäten	Ein kleiner Kreis von Geschäftspartnern, Freunden und empfohlenen Gästen trifft sich einmal im Monat zum Austausch. Die Gästeliste variiert von Monat zu Monat
Wer kann Mitglied werden?	Keine Mitgliedschaft möglich; eingeladen werden Entscheider wie auch junge Talente aus der Medien- und Agenturlandschaft, aus Multimedia, Kunst, Entertainment und Wirtschaft

Mitgliedsbeitrag	Kein Mitgliedsbeitrag
Adresse	www.private-thursday.de

Pro Hannover Region

Niederlassungen	Hannover
Hintergrund	Der Wirtschaftsförderverein Pro Hannover Region ist ein branchenübergreifendes Netzwerk aus kleinen und mittelständischen Unternehmen, Behörden, Verbänden und Institutionen, das im Jahr 2000 von 16 Gründungsmitgliedern ins Leben gerufen wurde. In Zusammenarbeit mit den Mitgliedern und Kooperationspartnern greift der Verein wirtschaftsfördernde Themen auf und vereint heute rund 400 Mitgliedunternehmen mit etwa 50000 Mitarbeitern
Ziele	Der PHR konzentriert sich auf die Standortentwicklung sowie auf Wachstumsziele seiner Mitgliedsunternehmen und arbeitet aktiv an der Verwirklichung des übergeordneten Vereinsziels, die Region Hannover zu einem führenden Wirtschaftsraum in Europa auszubauen
Aktivitäten	Veranstaltungskalender von und für Mitglieder, Ansprechpartner der Mitgliedsunternehmen, PHR-Foren, PHR-Marktplatz, Kommunikationsplattform für Arbeitsgruppen, News der Pro Hannover Region und Frühstücks-Talks; für Mitglieder Sonderkonditionen, Rabatte und Ermäßigungen bei Mitgliedsunternehmen
Wer kann Mitglied werden?	Unternehmen, die aktiv an der Entwicklung der Region Hannover mitwirken
Mitgliedsbeitrag	Der Basismitgliedsbeitrag beträgt 550 Euro.
Adresse	www.p-h-r.de

PropertyLunch Networking KG

Niederlassungen	Berlin, Budapest, Düsseldorf, Frankfurt, Hamburg, Leipzig, Moskau, München, Prag, Stuttgart, Warschau, Wien, Zürich
Hintergrund	Der PropertyLunch® ist eine Networking-Plattform der europäischen Immobilienwirtschaft, die im Januar 2002 in Berlin begründet wurde und von der PropertyLunch Networking KG betrieben wird. Bisher fanden mehr als 1000 Veranstaltungen mit über 25000 Teilnehmern in 13 europäischen Großstädten statt
Ziele	Vermittlung von Kontakten und Informationen zwischen den Marktteilnehmern und Hilfe bei der Akquisition neuer Projekte sowie bei der Bewältigung bestehender Projekte
Aktivitäten	Veranstaltungsreihen, Networking-Service

Wer kann Mitglied werden?	Entscheider der Immobilienwirtschaft
Mitgliedsbeitrag	110 Euro Jahresbeitrag
Adresse	www.propertylunchnetworking.de

Rotary Club

Niederlassungen	Weltweit; Sitz der Hauptverwaltung ist Evanston bei Chicago; in Deutschland 14 Distrikte mit mehr als 980 Clubs und circa 50 000 Mitgliedern
Hintergrund	Rotary wurde 1905 in Chicago von dem Rechtsanwalt Paul Harris gegründet und ist heute der weltweit älteste existierende Service-Club. »Service above self«, selbstloses Dienen, ist der Wahlspruch der Rotarier
Ziele	Die Rotarier bilden eine weltanschaulich nicht gebundene, überparteiliche Vereinigung, die sich über alle Grenzen hinweg für humanitäre Hilfe und Völkerverständigung einsetzt
Aktivitäten	Zum Beispiel Kampagne gegen Kinderlähmung; man trifft sich einmal pro Woche. Von den Mitgliedern wird erwartet, mindestens 60 Prozent der Sitzungen wahrzunehmen
Wer kann Mitglied werden?	Rotarier wird man nur über drei Bürgen. Pro Gruppe ist jeweils nur ein Beruf vertreten
Mitgliedsbeitrag	Jahresbeitrag circa 425 Euro zuzüglich Spenden ab einer Mindesthöhe von 1 000 Euro
Adresse	www.rotary.de

Round Table Deutschland

Niederlassungen	In 60 Ländern der Welt vertreten; über 200 runde Tische in Deutschland mit jeweils zwischen 20 und 25 Mitgliedern; insgesamt in Deutschland circa 3 500 Mitglieder; international circa 45 000 Männer
Hintergrund	Gegründet in England; 1952 entsteht der erste deutsche Club in Hamburg. Round Table ist ein Service-Club, eine parteipolitisch und konfessionell neutrale Vereinigung junger Männer zwischen 18 und 40 Jahren
Ziele	Austausch der Berufs- und Lebenserfahrung der Mitglieder; Erweiterung des Horizonts, Entwicklung von Toleranz; soziales Engagement

Aktivitäten	14-tägige Treffen mit Vorträgen; Betreuung sozialer Projekte vor Ort und über regionale Grenzen hinaus; Engagement aller deutschen Clubs in einem »Nationalen Serviceprojekt«; einmal jährlich »Annual General Meeting« (alle deutschen Tische), einmal jährlich »Euromeeting« (deutsche und europäische Tische); Rundreisen
Wer kann Mitglied werden?	Die Aufnahme erfolgt durch Empfehlung eines Mitglieds und bedarf der Zustimmung aller anderen Mitglieder. Mitglieder sollten an 60 Prozent der örtlichen Veranstaltungen teilnehmen. Mit dem 40. Lebensjahr erlischt die Mitgliedschaft. Ehemalige haben sich in der Vereinigung Old Tablers zusammengeschlossen
Mitgliedsbeitrag	Beiträge sind von Club zu Club verschieden und beim jeweiligen Club zu erfragen
Adresse	www.round-table.de

SKÅL

Niederlassungen	In über 100 Ländern
Hintergrund	SKÅL International ist der einzige weltweite und branchenübergreifende Zusammenschluss von Führungskräften der Tourismuswirtschaft. In circa 500 regionalen Clubs engagieren sich rund 23 000 Mitglieder. In Deutschland gibt es 31 Clubs mit circa 1700 Mitgliedern
Ziele	Meinungs- und Informationsbörse mit Impulsen für geschäftliche Aktivitäten; Aufbau eines persönlichen und beruflichen Netzwerks »Making Business with Friends«; Festigung des internationalen Tourismus und Vertiefung der Völkerverständigung
Aktivitäten	Fachvorträge bei den monatlichen Meetings, die Ideen-, Information- und Kontaktbörsen sind; jährlich stattfindender Weltkongress
Wer kann Mitglied werden?	Mitglied kann werden, wer seit mindestens drei Jahren in einem touristischen Beruf und zum Zeitpunkt der Aufnahme in einer Führungsposition ist. Für die Aufnahme sind zwei Bürgen aus dem jeweiligen Club notwendig. Touristische Nachwuchskräfte unter 35 Jahren können Mitglied im Young-SKÅL-Club werden
Mitgliedsbeitrag	Von Club zu Club unterschiedlich
Adresse	www.skal.de

Soho House Berlin

Niederlassungen	Berlin

Hintergrund	Soho House Berlin ist ein Private Member Club direkt in Berlin-Mitte. Nach den Soho Häusern in London, New York, Miami und West Hollywood ist es die erste Dependance in Deutschland. Seit 1995 ist das Soho House Magnet, Anlaufstelle und Konstante für aufgeschlossene Menschen aus der nationalen und internationalen Kreativszene
Ziele	Vernetzung der Meinungsführer der Kreativbranche
Aktivitäten	Der Club umfasst Restaurants, Bars, einen SPA- und Fitnessbereich, ein Kino und 85 Hotelzimmer
Wer kann Mitglied werden?	Das Soho House Berlin ist ein Club für Kreative. Man muss sich für den Club bewerben
Mitgliedsbeitrag	Jahresbeitrag 1200 Euro, Aufnahmegebühr 200 Euro
Adresse	www.sohohouseberlin.de

Soroptimist International

Niederlassungen	International; in 117 Ländern mit circa 81 000 Mitgliedern in über 3 100 Clubs; in Deutschland bundesweit
Hintergrund	Soroptimist International (SI) ist die weltweit größte Service-Organisation berufstätiger Frauen. Der Name Soroptimist, abgeleitet von »sorores optimae«, die besten Schwestern, wurde 1921 von den Gründungsmitgliedern des ersten Clubs in Oakland / Kalifornien gewählt. In Deutschland wurde der erste Club 1930 in Berlin gegründet. Soroptomist International Deutschland besteht aus 200 Clubs mit mehr als 6000 Mitgliedern
Ziele	Wahrung hoher ethischer Werte im Berufs- und Geschäftsleben wie auch in anderen Lebensbereichen; sich für Menschenrechte und besonders für die Verbesserung der Stellung der Frau einsetzen; Freundschaft und das Gefühl der Zusammengehörigkeit der Soroptimistinnen aller Länder vertiefen; Hilfsbereitschaft und menschliches Verstehen fördern; weltweit zu internationaler Verständigung und Achtung beitragen
Aktivitäten	Monatliche Treffen mit Referaten, Berichten, Diskussionen aus der Berufs- und Lebenswelt der Mitglieder oder auch geladener Gäste; verschiedene Hilfsprojekte; alle vier Jahre Weltkongress; alle vier Jahre Veranstaltung eines Europakongresses zwischen zwei Weltkongressen; Mitteilungsblatt »soroptimist intern«
Wer kann Mitglied werden?	Jeder Beruf ist in einem Club nur einmal vertreten. Mitglied im Club kann nur werden, wer dazu gebeten wird. Jedes Clubmitglied kann an Clubtreffen überall in der Welt teilnehmen
Mitgliedsbeitrag	Von Club zu Club verschieden
Adresse	www.soroptimistinternational.org, www.soroptimist.de

STARTglobal

Niederlassungen	St. Gallen, München, Lichtenstein, Lausanne, Berlin
Hintergrund	STARTglobal ist eine Non-Profit-Organisation mit dem Ziel, das Unternehmertum an Hochschulen zu fördern. Die Organisation wurde 1996 an der Universität St. Gallen gegründet. Unter dem Dachverband STARTglobal haben sich weitere Vereine in München, Lichtenstein, Lausanne und Berlin gebildet. STARTglobal führt einmal jährlich das START Summit durch. Das Summit ist die größte Entrepreneurship Konferenz der Schweiz, welche von Studenten organisiert wird. Das Summit bietet eine Plattform für Studenten und Entrepreneure, um sich auszutauschen und neue Kontakte zu knüpfen
Ziele	Förderung des Unternehmergeistes an Hochschulen, des Dialogs zwischen Jungunternehmern und erfahrenen Unternehmern, Erfahrungs- und Wissensaustausch
Aktivitäten	Organisation des START Summits; außerdem je nach Standort: Unternehmensbesuche, Seminare, Workshops, Roundtables und informelle Anlässe
Wer kann Mitglied werden?	Je nach Standort unterschiedlich
Mitgliedsbeitrag	Je nach Standort unterschiedlich, z.B. Jahresbeitrag 100 CHF für Jungunternehmer, 350 CHF für etablierte Unternehmer
Adresse	www.startglobal.org

The Family Business Network

Niederlassungen	Bundesweit
Hintergrund	Das Family Business Network (F.B.N.) in Deutschland ist eine im Jahr 2000 gegründete unabhängige Vereinigung von führenden Familienunternehmen mit aktuell 500 Mitgliedsunternehmen
Ziele	Erfahrungsaustausch und Wissensvermittlung
Aktivitäten	Erfahrungsaustausch, exklusive Einladungsveranstaltungen, spezielle Aus- und Weiterbildung zum Thema Familienunternehmen, Praktikumsvermittlung, Kooperationsveranstaltungen und gemeinsame Artikulierung und Durchsetzung politischer Interessen
Wer kann Mitglied werden?	Familienunternehmen ab zweiter Generation mit einem Mindestumsatz von 50 Mio. Euro pro Jahr, Bereitschaft zum Erfahrungs- und Meinungsaustausch und Offenheit auf Basis von Vertrauen
Mitgliedsbeitrag	Persönliche Mitgliedschaft 200 Euro, Firmenmitgliedschaft 600 Euro
Adresse	www.fbn-deutschland.de

Tönissteiner Kreis	
Niederlassungen	Weltweit
Hintergrund	1958 gegründet vom Bundesverband Industrie und dem Stifterverband der deutschen Wissenschaft; seit 2001 gemeinnütziger Verein; interdisziplinär, alle Generationen sind vertreten; 800 Mitglieder
Ziele	Förderung von internationaler Bildung, Ausbildung, Personalwirtschaft; Förderung von internationalem Führungsnachwuchs
Aktivitäten	Politischer Dialog, Seminare, Vorträge, Workshops, Diskussionsforen auf deutsch, englisch und französisch, Jahrestagung; außerdem: Think Tank, Mentorennetzwerk und Sommerakademie, Studentenforum
Wer kann Mitglied werden?	Junge Führungskräfte bis 35 Jahre mit abgeschlossenem Hochschulstudium und mindestens zweijährigem Auslandsaufenthalt in zwei unterschiedlichen Sprachräumen; Aufnahme durch Empfehlung eines Mitglieds; jährlich Aufnahme von rund 20 Neumitgliedern
Mitgliedsbeitrag	Jahresbeitrag 260 Euro
Adresse	www.toenissteiner-kreis.de
Trainertreffen Deutschland	
Niederlassungen	Bundesweit; 12 Regionalteams
Hintergrund	Das 1991 von Bernhard Siegfried Laukamp gegründete Trainernetzwerk hat bundesweit circa 500 Mitglieder
Ziele	Rundum-Erfahrungsaustausch von Trainern mit Qualitätsanspruch und vieles mehr
Aktivitäten	Regionaltreffen, Newsletter, Trainervermittlung, Trainer-Fachzeitschrift, Supervisions- und Fortbildungsangebote oder auch gemeinsame Messeauftritte uvm.
Wer kann Mitglied werden?	Voraussetzung: Anerkennung des Berufskodex für Weiterbildner des Forums Werteorientierung für die Weiterbildung e. V.
Mitgliedsbeitrag	Jahresbeitrag 200 Euro, Aufnahmegebühr 100 Euro
Adresse	www.trainertreffen.de
Der Übersee Club e. V.	
Niederlassungen	Hamburg
Hintergrund	Gegründet 1922 vom Bankier Max Warburg; Wiederbelebung 1948 durch Vertreter des Handels, der Schifffahrt, des Gewerbes und der Industrie; circa 2 000 Mitglieder

Ziele	Plattform für Vorträge namhafter Regierungsmitglieder; Ort der Begegnung mit bekannten Vertretern aus Politik, Geistesleben, Rechtswesen und Wirtschaft; allgemeine Förderung des demokratischen Staatswesens, internationaler Gesinnung und des Völkerverständigungsgedankens
Aktivitäten	Regelmäßige Vortragsabende
Wer kann Mitglied werden?	Aufnahme durch Empfehlung von zwei Mitgliedern
Mitgliedsbeitrag	Jahresbeitrag 350 Euro, Aufnahmegebühr 350 Euro
Adresse	www.uebersee-club.de

ULA – Deutscher Führungskräfteverband

Niederlassungen	Bundesweit
Hintergrund	1951 gegründet; die ULA ist der Spitzenverband der Führungskräfte in der Deutschen Wirtschaft. 50 000 Führungskräfte sind in den zwölf ULA-Sektionen zusammengeschlossen
Ziele	Die ULA soll die allgemeinen, branchenübergreifenden politischen Interessen wahrnehmen und die Vertretung der Führungskräfte im politischen Raum sicherstellen
Aktivitäten	Fachvorträge, Seminare zur Weiterbildung, Foren, Veranstaltungen, Besichtigungen, Studienreisen, Newsletter »ULA-Nachrichten«
Wer kann Mitglied werden?	Führungskräfte, die Mitglied in einem der zwölf Berufsverbände sind
Mitgliedsbeitrag	Der Beitrag wird von den angeschlossenen Verbänden entrichtet.
Adresse	www.ula.de

Verband deutscher Unternehmerinnen (VdU) e. V.

Niederlassungen	Bundesweit; 15 Landesverbände und 15 Regionalkreise
Hintergrund	1954 gegründet; der VdU ist der größte und einzige Wirtschaftsverband, der spezifisch die Interessen der mittelständischen Unternehmerinnen vertritt. Er zählt 1 600 Mitglieder
Ziele	Förderung von Akzeptanz und Gleichberechtigung unternehmerisch tätiger Frauen in Deutschland; Diskussionsforum für Meinungsbildung und -äußerung zu allen Fragen aus Politik, Wirtschaft und Gesellschaft; spartenübergreifender Erfahrungsaustausch

Aktivitäten	Vortagsveranstaltungen zu aktuellen wirtschaftlichen und politischen Themen, Betriebsbesichtigungen, Stammtische, Weiterbildungsangebote, Mehrländertreffen, weltweite Datenbank mit Unternehmerinnen aus 33 Ländern, jährlicher Kongress
Wer kann Mitglied werden?	Ordentliches Mitglied kann werden, wer eine unternehmerische Tätigkeit ausführt, Eigentümerin ist oder eine (Kapital-)Beteiligung an einem Unternehmen hat. Man muss mindestens drei Mitarbeiter beschäftigen oder einen Jahresumsatz von mindestens 250 000 Euro erwirtschaften
Mitgliedsbeitrag	Jahresbeitrag 495 Euro, Aufnahmegebühr 100 Euro
Adresse	www.vdu.de

Verein Berliner Kaufleute und Industrieller e. V.

Niederlassungen	Berlin
Hintergrund	Am 6. Oktober 1879 riefen 329 Berliner Unternehmen den Verein Berliner Kaufleute und Industrieller zur Wahrung ihrer Interessen ins Leben. Derzeit hat er rund 1 500 Mitglieder
Ziele	Der Verein vertritt die Botschaft des Freihandels, des Wettbewerbs, fordert eine offene Gesellschaft und eine marktwirtschaftliche Wirtschaftsverfassung
Aktivitäten	Vorträge und Seminare, auch Sommerfeste, Konzerte, Museumsbesuche, Reisen sowie gemeinnützige Förderprojekte, Festball einmal im Jahr
Wer kann Mitglied werden?	Unternehmensleiter, Vorstandsmitglieder, Geschäftsführer, Marketingdirektoren oder leitende Mitarbeiter von Unternehmensberatungen und Werbeagenturen
Mitgliedsbeitrag	Der Jahresbeitrag beträgt 317 Euro jährlich, die einmalige Aufnahmegebühr 634 Euro.
Adresse	www.vbki.de

Victress GmbH

Niederlassungen	Berlin
Hintergrund	Victress wurde 2005 gegründet und versteht sich als Promoter, Forum und Lifestyle für die neue Generation ambitionierter Erfolgsfrauen, die gerne Verantwortung tragen und sich durch Kompetenz, Mut und Weiblichkeit auszeichnen
Ziele	Victress hat das Ziel, den Anteil von Frauen in Führungspositionen zu erhöhen, um den Standort Deutschland zukunftsfähig zu machen

Aktivitäten	Veranstaltungen für Mitglieder, Unterstützer und Interessenten, Öffentlichkeitsarbeit, Lobbying und Kooperationen mit Unternehmen
Wer kann Mitglied werden?	Unternehmen und Einzelpersonen, die sich aktiv für Gender Balance einsetzen
Mitgliedsbeitrag	Einzelmitgliedschaft: 200 Euro Jahresbeitrag zzgl. 50 Euro Aufnahmegebühr, Firmenmitgliedschaft 1200 Euro Jahresbeitrag zzgl. 800 Euro Aufnahmegebühr
Adresse	www.victress.net

Webgrrls.de e. V.

Niederlassungen	Bundesweit; fünf Regionalgruppen
Hintergrund	1997 gegründet (Vorbild sind die 1995 gegründeten webgrrls New York); virtuelles Netzwerk für weibliche Fach- und Führungskräfte, die beruflich in oder mit den Neuen Medien arbeiten. Im Frühjahr 2001 war die Vereinsgründung. Er zählt circa 600 Mitglieder
Ziele	Vernetzung der Frauen, die in den Neuen Medien arbeiten; Förderung der beruflichen Weiterentwicklung sowie der Präsenz und des Einflusses der Frauen innerhalb der Branche; Forum für Wissenstransfer, Erfahrungsaustausch, Job- und Auftragsvermittlung, Mentoring, Förderung der Networking-Kultur
Aktivitäten	Mailinglisten, Marktplatz, auf dem sich die Mitglieder mit ihren Unternehmen vorstellen, Face-to-Face-Veranstaltungen der Regionalgruppen, Stammtische, Vorträge, Mitgliederbrief, Newsletter
Wer kann Mitglied werden?	Frauen, die beruflich in oder mit den Neuen Medien und Neuen Technologien arbeiten oder eine Tätigkeit in den Neuen Medien anstreben (Informatikerinnen, Marketing- und PR-Fachfrauen, Grafikerinnen, Screen-Designerinnen, Journalistinnen etc.)
Mitgliedsbeitrag	Jahresbeitrag 60 Euro
Adresse	www.webgrrls.de

Wirtschaftsclub Düsseldorf

Niederlassungen	Düsseldorf
Hintergrund	Von Düsseldorfer Unternehmern 2003 gegründet
Ziele	Verbindung von privaten und geschäftlichen Anlässen oder einfach zum Abschalten vom Tagesgeschäft; nationale und internationale Geschäftsbeziehungen schaffen und pflegen

Aktivitäten	Verbindung von privaten und geschäftlichen Anlässen oder einfach zum Abschalten vom Tagesgeschäft; nationale und internationale Geschäftsbeziehungen schaffen und pflegen
Wer kann Mitglied werden?	Über die Aufnahme entscheidet ein Ausschuss innerhalb von sechs Wochen
Mitgliedsbeitrag	Die einmalige Aufnahmegebühr beträgt 1000 Euro, der Jahresbeitrag für Einzelmitglieder 1100 Euro, Firmenmitglieder ab 4000 Euro
Adresse	www.wirtschaftsclubduesseldorf.de

Wirtschaftsclub Rhein-Main e. V.

Niederlassungen	Bundesweit; hauptsächlich Rhein-Main-Region
Hintergrund	Gegründet 1950; zählt zu den größten Vereinigungen seiner Art in Europa; rund 2 700 Mitglieder: Unternehmer, Führungskräfte und Freiberufler; Parteipolitisch und wirtschaftlich unabhängig
Wer kann Mitglied werden?	Unternehmer, Freiberufler, Führungskräfte
Ziele	Ziel ist es, mit neuen Ideen und marktnahen Konzepten der wirtschaftlichen Entwicklung neue Impulse zu vermitteln. Der Schwerpunkt liegt auf gegenseitiger Information. Der Wirtschaftsclub ist ein Ort für die politische, wirtschaftliche und philosophische Diskussion sowie für den Austausch von Meinungen und Ideen
Aktivitäten	Vorträge, Podiumsgespräche mit führenden Persönlichkeiten aus Politik, Wissenschaft, Kultur und Wirtschaft; Golfturniere, »bleifreie« Jagden und zahlreiche Preisverleihungen, z. B. Arbeitsplatzinvestor-Preis, Innovationspreis der deutschen Wirtschaft
Mitgliedsbeitrag	Einzel-Jahresbeitrag 100 Euro, Aufnahmegebühr 160 Euro / Firmen-Jahresbeitrag 200 Euro, Aufnahmegebühr 320 Euro
Adresse	www.wirtschaftsclub-rhein-main.de

WJD – Wirtschaftsjunioren

Niederlassungen	Bundesweit in 213 Kreisen und zwölf Landesverbänden, Junior Chamber International
Hintergrund	Rund 10 000 Mitglieder, Führungskräfte und Unternehmer aus allen Bereichen der Wirtschaft, die nicht älter als 40 Jahre sind

Ziele	Verantwortungsbewusstsein für die Bewältigung der sozialen und ökologischen Herausforderungen von Gegenwart und Zukunft stärken. Stärkung der Marktwirtschaft und der Grundwerte des demokratischen Rechtsstaats
Aktivitäten	Workshops, Seminare, verschiedene Projekte (Existenzgründung, Ausbildungsplatzbörsen, Wirtschaftsquiz), Podiumsdiskussionen, zweimal jährlich Mitgliederversammlung, »Ausbildungs-Oskar«
Mitgliedsbeitrag	Zwischen 100 und 300 Euro
Adresse	www.wjd.de

WOMAN's Business Club

Niederlassungen	München, Frankfurt
Hintergrund	1996 gegründet; Plattform für Managerinnen und Unternehmerinnen; berufs- und branchenübergreifend organisiert
Ziele	Erfahrungen, Ideen und Informationen austauschen und sich somit gegenseitig unterstützen; wirtschaftlichen Erfolg der Mitglieder fördern; Tipps, Strategien und Erfolgskonzepte aus erster Hand erfahren und voneinander lernen; als exklusiver Club den Mitgliedern einen offenen, wertschätzenden und verbindlichen Umgang miteinander und mit anderen ermöglichen; eine Vorbildfunktion für Frauen einnehmen und den Nachwuchs unterstützen; als Expertinnen und Impulsgeberinnen in Wirtschaft und Gesellschaft fungieren
Aktivitäten	Lokaler Jour fixe alle zwei Monate, zusätzliche Aktivitäten wie Golfen, das jährliche Event »Doing by Undoing«, Clubreisen etc.
Wer kann Mitglied werden?	Managerinnen, Freiberuflerinnen und Unternehmerinnen; maximal vier Vertreterinnen eines Berufs; ein Aufnahmegremium entscheidet über die Mitgliedschaft
Mitgliedsbeitrag	Jahresbeitrag 250 Euro, Aufnahmegebühr 500 Euro
Adresse	www.womans-business-club.de

Working Moms

Niederlassungen	Frankfurt, München, Düsseldorf, Hamburg
Hintergrund	Working Moms e.V. ist ein Netzwerk engagierter berufstätiger Mütter und wurde im Frühjahr 2007 gegründet. Insgesamt hat der gemeinnützige Verein knapp 180 Mitglieder

Ziele	Working Mums e. V. setzt sich dafür ein, dass Frauen sowohl Kinder als auch Karriere haben können
Aktivitäten	Regelmäßige Treffen, Vorträge externer Referenten zu einem berufs- oder familienbezogenen Thema, interner Austausch und gemeinsame Unternehmungen wie Kunstführungen und Sommerfeste mit den Familien
Wer kann Mitglied werden?	Mütter, die die Devise »Pro Kinder. Pro Karriere« teilen und mindestens 30 Stunden pro Woche ambitioniert berufstätig sind
Mitgliedsbeitrag	100 Euro Jahresbeitrag
Adresse	www.workingmoms.de

World Economic Forum

Niederlassungen	Weltweit
Hintergrund	Die Schweizer Stiftung veranstaltet seit 1971 einmal im Jahr einen Weltwirtschaftsgipfel in Davos, bei dem sich 3 000 Persönlichkeiten aus Wirtschaft, Politik und Wissenschaft treffen. 1 000 Unternehmen sind Mitglieder
Ziele	Gedankenaustausch, Diskussion über aktuelles weltpolitisches Geschehen
Aktivitäten	Jährliches Treffen in Davos, regionale Treffen
Wer kann Mitglied werden?	Ein Beitritt kann nur auf Empfehlung von Forums-Mitgliedern erfolgen, das Höchstalter bei Eintritt ist 40 Jahre
Mitgliedsbeitrag	Unternehmens-Jahresbeitrag 32 600 Euro
Adresse	www.weforum.org

XING AG

Niederlassungen	Virtuelles Netzwerk
Hintergrund	XING ist eine der weltweit größten beruflichen Online-Networking-Plattformen, wurde Mitte 2003 von Lars Hinrichs (noch unter dem Namen »Open Business Club«) gegründet und hat heute über 12 Millionen Mitglieder, darunter 6 Millionen im deutschsprachigen Kernmarkt
Ziele	Eine Online-Networking-Plattform für professionelles und sicheres Kontaktmanagement zur Verfügung stellen: innovativ, branchenübergreifend und weltweit operierend
Aktivitäten	Jeder gestaltet sein eigenes »Programm« – wird aber auch eingeladen. Jeder Nutzer bestimmt, ob und wie viel Netzwerken er verträgt. Zu den Online-Aktivitäten gibt es auch »Echt-Mensch-Treffen« – alles in Eigenregie der Mitglieder organisiert

Wer kann Mitglied werden?	Mitglied kann nach Registrierung jeder werden. Aber: Spam-Verteiler und unseriöse Anbieter werden schnell identifiziert und unschädlich gemacht
Mitgliedsbeitrag	Freie Mitgliedschaft kostenlos; Premium-Mitgliedschaft 5,95 Euro monatlich
Adresse	www.xing.com

Young Presidents Organization

Niederlassungen	Weltweit; in Deutschland Rhine Chapter
Hintergrund	Gegründet 1950 in New York, weltweit 20 000 Mitglieder
Ziele	Kontakte knüpfen und pflegen; Erfahrungsaustausch von jungen Chefs untereinander; kontinuierliche Weiterbildung
Aktivitäten	Lokale und internationale Konferenzen
Wer kann Mitglied werden?	Manager und junge Chefs unter 45 Jahren; nur auf Empfehlung von Mitgliedern
Mitgliedsbeitrag	Jahresbeitrag circa 5 000 Euro
Adresse	www.ypo.org

Zonta International

Niederlassungen	Bundesweit.
Hintergrund	Zonta International ist ein weltweiter Zusammenschluss berufstätiger Frauen in verantwortungsvollen Positionen. Der erste deutsche Club wurde 1931 in Hamburg gegründet. Derzeit gibt es bundesweit 128 Zonta Clubs mit rund 4 600 Mitgliedern
Ziele	Die Lebenssituation von Frauen im rechtlichen, politischen, wirtschaftlichen und beruflichen Bereich verbessern
Aktivitäten	Finanzierung internationaler Projekte und Auszeichnungen, Betreuung der Einnahmen/-ausgaben und Suche von Spendern und Sponsoren
Wer kann Mitglied werden?	Frauen, die selbstständig oder Angestellte in einer leitenden Position sind
Mitgliedsbeitrag	Circa 50 Euro, von Club zu Club unterschiedlich
Adresse	www.zonta-union.de

Anhang

Stichwortverzeichnis

Über die Autorin

Nach Stationen als Managerin beim japanischen Konzern Brother und General Manager beim amerikanischen Softwareunternehmen Microdynamics machte sich Monika Scheddin 1994 selbstständig. Sie gründete eine Akademie und einen Business Club. Zusammen mit der PR-Expertin Christiane Wolff moderiert sie den Gute-Leute-Mittagstisch.

Sie berät Firmen im Aufbau von Business-Netzwerken, gibt Seminare und hält Vorträge zum Thema Networking.

Gerade schreibt sie an ihrem dritten Buch und ist immer für Überraschungen gut.

Monika Scheddin. Coach & Rednerin
Leopoldstraße 163c
80804 München
www.scheddin.com
E-Mail: Monika@Scheddin.com